U0077853

高效率
Python
自動化工作術

快速解決Excel、Word、PDF資料處理

森 巧尚［著］・許郁文［譯］

SE
SHOEISHA

※ 本書記載的 URL 有可能未經公告失效。

※ 本書的目標對象請參考第 8 頁

※ 本書雖已於出版之際力求正確,但作者或出版社都不對本書內容提供任何保證,關於內容或範例檔案的使用結果,還請讀者自行負責。

※ 本書介紹的範例程式、Script 以及執行結果的畫面都是於特殊環境實現的範例。

※ 本書提及的公司名稱、商品名稱皆為各家公司的商標或註冊商標。

※ 本書的內容以 2022 年 4 月的資訊為準。

Python 自動化簡単レシピ

(Python Zidouka Kantan Recipe: 6612-4)

© 2022 YOSHINAO MORI

Original Japanese edition published by SHOEISHA Co.,Ltd.

Traditional Chinese Character translation rights arranged with SHOEISHA Co.,Ltd.

through JAPAN UNI AGENCY, INC.

Traditional Chinese Character translation copyright © 2023 by GOTOP INFORMATION INC

前言

使用 Python 就能讓**工作自動化**。

每個人都想讓那些麻煩的工作自動化,讓自己有時間偷懶對吧?

可惜的是,現實世界的工作通常很複雜,要讓「複雜的工作自動化」就必須撰寫「複雜的程式」,而寫程式又比想像中困難。明明是為了偷懶才想讓工作自動化,沒想到反而讓工作增加,這簡直是本末倒置對吧?

可以的話,當然希望讓工作的自動化「**越簡單,越好用**」對吧?

因此本書將工作自動化的重點放在下列三項。

1. 撰寫簡單的程式。

2. 函數化。

3. 應用程式化。

可以自動化的工作通常是電腦擅長的「**機械性作業**」。只要先找出這類工作,就能**簡單輕鬆地寫出程式**,而且我們還要進一步讓程式「函數化與應用程式化」。做成應用程式之後,下次只需要雙點這個應用程式,就能**快速使用**這個應用程式。

許多人都覺得「製作應用程式」很難,但其實我們要做的是「簡單的程式」,所以要製作的應用程式也只是「輸入值,按下按鈕」這種超簡單的應用程式。要替其他工作製作應用程式的時候,也是利用相同的方式製作,所以只要先建立「應用程式的範本」,之後只要改變「範本的內容」就能製作出新的應用程式。本書要介紹的就是這種製作應用程式的方法。

讓我們以「**Python 是文房四寶**」的感覺撰寫程式碼,如此一來,就能讓工作變得簡單、輕鬆與自動化喲。

2022 年 4 月吉日

森 巧尚

目錄

Chapter 1　利用 Python 自動化工作

Chapter 2　基礎 Python

本書範例檔的測試環境

本書的範例檔可在下列的環境正常運作。

OS	macOS
OS 版本	12.2.1（Monterey）
cpu	Apple MI
Python 版本	3.10.2

OS	Windows
OS 版本	11 Pro ／ 10 Home
cpu	Intel Core i7（11 Pro）／ Intel Core i5（10 Home）
Python 版本	3.10.2

各種函式庫與相關版本	
PySimpleGUI	4.56
pdfminer.slx	20211012
python-docx	0.8.11
openpyxl	3.0.9
Pillow（PIL）	9.0.1
mutagen	1.45.1
opencv-python	4.5.5.62
requests	2.27.1
beautifulsoup4	4.10.1

各種函式庫與相關版本	
PySimpleGUI	4.56
pdfminer.six	20211012
python-docx	0.8.11
openpyxl	3.0.9
Pillow(PIL)	9.0.1
mutagen	1.45.1
opencv-python	4.5.5.62
requests	2.27.1
beautifulsoup4	4.10.1

本書目標讀者

本書的目標讀者

本書介紹了許多讓那些有點麻煩的例行公事自動化的 Python 手法。

- 已在工作使用 Python 的讀者（或是之後想要使用 Python 的讀者）

本書重點

本書從不同種類的業務之中，挑選了一些麻煩的業務介紹，只需要幾十行的程式碼就能快速完成這些麻煩的例行公事，其中包含檔案操作、文字檔、PDF 檔、Word 檔、Excel 檔的搜尋、取代，以及圖片的調整或是取得各種檔案資訊與網路資料，而且還會介紹將這些程式轉換成應用程式，讓使用者按一個按鈕就執行這些程式的方法。

本書的閱讀方式

本書以簡單易懂的方式介紹能在職場應用的 Python 自動化手法。

提出問題與說明解決方案

先提出問題再解說解決方案。

介紹解決問題所需的Python命令句

介紹解決問題所需的 Python 命令句。

介紹將程式轉換成應用程式的方法

解說將程式轉換成應用程式的方法。

一併說明程式碼

以簡單易懂的方式說明具體的程式碼以及製作。

此外,本書程式碼左側的編號一律從「001」開始。如果要修正現有的檔案,請於該檔案確認修正的內容與行數。

下載範例檔與附贈資料

隨附資料的介紹

隨附資料（本書介紹的範例程式碼）可從下列的網站下載。

URL http://books.gotop.com.tw/download/ACD023100

注意

隨附資料的所有權利皆歸作者與株式會社翔泳社所有，未經許可請務散布或是於網路轉載。隨附資料的提供也有可能未經公告停止，還請各位讀者見諒。

2022 年 4 月

株式　社翔泳社　編集部

利用 Python 自動化工作

讓那些麻煩的例行公事自動化！

Recipe 1
Chapter 1

Python 與工作的自動化

Python 可自動化各種工作。

Python 是非常**簡單易懂的程式設計語言**，不管是初學者還是專家都能輕鬆使用（圖 1.1）。此外，Python **可處理的範圍非常廣泛**，可以取得或操作電腦的檔案，也能存取網路的資料，還能製作具有使用者介面的電腦應用程式，所以 Python 是能**快速讓各種工作自動化的語言**。

圖 1.1 Python

接下來，就來一起了解該怎麼利用如此方便的 Python **自動化工作**吧。只要利用 Python 撰寫程式，電腦就會代替我們完成工作。

不過，**工作**的種類有很多種，而要讓電腦進行**過於複雜的工作**時，有一些需要注意的事情。要讓「電腦進行複雜的工作」意味著「要撰寫複雜的程式」，而撰寫複雜的程式是件很困難的事，而且有時候只能用來解決「當下的工作」，無法於「下次的工作」使用，不然就是得花時間修正程式，才能於下次的工作應用。

因此，本書想要稍微換個角度思考。

那就是「不要將所有複雜的工作交給電腦處理」，而是「大部分的工作由人類負責，只有那些單純與機械化的作業請電腦幫忙」；換言之，要以「**自動化工作的輔助道具**」角度撰寫程式（圖 1.2）。

如果以「**有點單純又機械化的作業**」的角度撰寫程式，則這個程式應該就能在「這次與下次的工作」應用。簡單來說，就是請電腦負責「**有點單純又機械化的作業**」，然後人類負責「**需要動腦，而且真的很重要的工作**」。

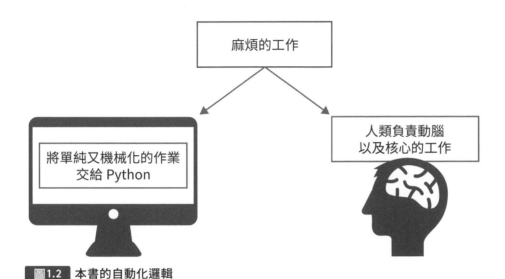

圖1.2 本書的自動化邏輯

因此，我們的目標就是讓「**有點單純又機械化的作業**」自動化。由於是簡單的作業，所以**只需要幾行程式碼**就能寫好程式的基本部分。如果撰寫了複雜的程式，然後讓電腦進行作業，這樣在傳回奇怪的結果時，恐怕會不知道「電腦到底完成了哪些部分」，反之，如果程式很簡單，就不會有這種問題。此外，**程式越簡單，就越方便自行改造**。

再者，簡單的程式也**比較容易與其他程式組合**。本書會將程式的基本部分寫成函數，**再以呼叫函數的方式執行作業**，如此一來，就能利用這些函數開發「**按個按鈕就執行作業的應用程式**」。

製作成應用程式的推薦

若問「為什麼要讓電腦幫忙我們完成作業呢？」答案當然是為了**讓工作更輕鬆**。如果不將程式檔轉換成應用程式，就必須在「想要完成某項作業」時，「先啟動 Python 環境，再載入執行該作業的程式，然後確認該程式是否能完成這項工作，再執行該程式」這類流程，但這樣一來，就沒辦法好好思考工作，工作也變得一點都不輕鬆。

反之，如果能將程式檔轉換成應用程式，整個流程就會簡化成「**執行應用程式**」與「**按下按鈕**」，我們就能仔細思考工作的細節。

因此本書要透過下列三大方向自動化工作（圖 1.3）

1. **撰寫簡單的程式（讓機械化的作業自動化）。**

2. **函數化（容易自訂內容）。**

3. **應用程式化（不需要中斷思考就能使用）。**

這裡說的應用程式，是「**輸入一些資料，再按下按鈕就能完成作業**」的應用程式。雖然不同的工作需要不同的應用程式，但本書介紹的應用程式架構都非常簡單，所以能使用於不同的工作。只要完成一個應用程式，這個應用程式的架構也能用來開發其他的應用程式。

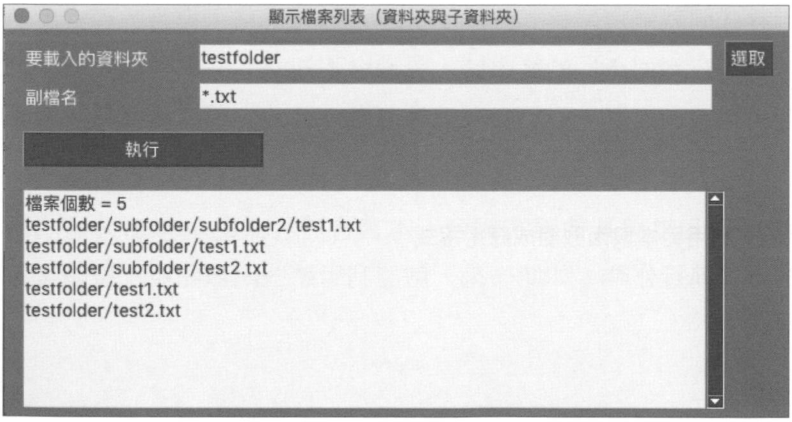

圖1.3 應用程式的完成圖（示意）

利用範本讓函數轉換成應用程式

因此本書預先準備了多種應用程式的範本，可利用組合「函數」的方式完成需要的應用程式。簡單來說，就是選出需要的範本、追加函數，撰寫「**按下按鈕就呼叫該函數的程式**」，就能讓程式轉換成應用程式。

若問「為什麼要用這種方法製作應用程式」，答案就是**這種方法能像製作套件般，快速開發原創的應用程式**（圖 1.4）。「**想要自動化的作業**」會隨著工作的種類而改變，本書則打算利用上述的方式開放各種應用程式。

不過，還是有可能出現本書未及介紹的作業，此時大家有可能會想要利用同一套方法自行開發「**能完成這類作業的函數**」。「**想讓自訂的函數轉換成應用程式**」的人，請務必使用本書介紹的範本自製應用程式。

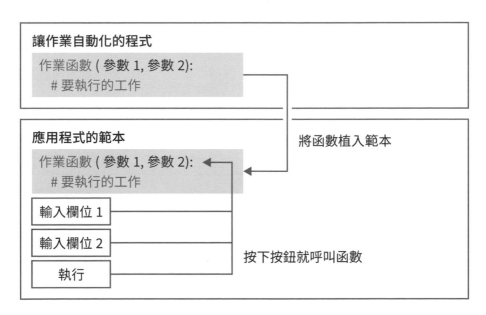

圖1.4 如同開發套件般，利用範本與函數組成應用程式

讓我們利用簡單好用的 Python，把每天的工作變得稍微輕鬆一點吧。

該如何構思解決問題的程式？

Recipe 2 Chapter 1

那麼該如何構思**代替人類執行作業的程式**呢？

第一步，可先找出執行該作業需要的功能。找到這些功能之後，就能著手開發，但如果心裡有一絲「這個功能該怎麼用？」「真的寫得出這種功能嗎？」的懷疑，很有可能會告訴自己「先做做看再說」。

這種先做做看再說的態度有時「會做出比想像中更棒的東西」，但通常都會做出不太好用的東西。為什麼會這樣呢？答案是**開發者的角度與使用者的角度不同**。

「想做出這種功能」是**開發者的想法**，而不是使用者的想法（圖 1.5）。因此，當我們想到「這種方法好像行得通」的時候，不妨停下腳步，站在**使用者的角度**重新檢視想法。

圖1.5 開發者的角度與使用者的角度

第一步要釐清目的。要以使用者的角度思考「**我在工作遇到哪些問題，希望電腦幫我完成哪些作業**」，根據使用狀況細分作業，才能從工作流程挑出**屬於人類的工作以及由電腦負責的工作**。

決定分工的部分之後，接著要站在電腦的角度思考（圖 1.6），也就是「**要完成這項作業需要哪些步驟與資料？**」從具體的作業內容思考。找出具體的作業內容之後，再思考「**Python 有哪些功能可以完成這些作業**」。

如果找到「似乎能派上用場的功能」就利用這些功能開發程式。如果沒找到，可訂立在外部函式庫尋找或是自行開發功能的計畫。

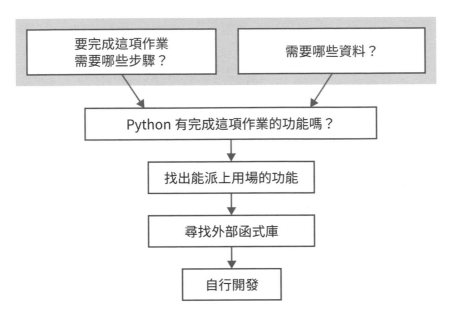

圖1.6 站在電腦角度的作業流程

建立上述的流程之後，就能開發出**人類與電腦分工清楚的程式**。

因此本書會依照下列的步驟開發程式。讓我們一起開發「方便使用的程式」吧。

1. 先搞清楚要解決什麼問題？

2. 思考要以什麼方法解決？

3. 找出解決問題需要哪些命令？

安裝 Python

接著讓我們安裝 Python。如果電腦已經安裝了 Python 可直接沿用，但 Python 也有不同的開發環境，比方說，用於資料分析的 Anaconda 或是 Google Colaboratory 就比較不適合操作檔案以及轉換成應用程式，所以建議大家安裝 Python，建立只以 Python **驅動的環境**。

安裝的流程非常簡單，只需要從 Python 的網站下載安裝程式，再執行安裝程式而已，而且還是免費的，讓我們安裝最新版的 Python 吧。

■ 安裝 Python（Windows）

❶ 下載安裝程式。

第一步先從 Python 的官方網站下載安裝程式。

・https://www.python.org/download/

若是在 Windows 環境下瀏覽這個網頁，就會自動顯示 Windows 版的安裝程式。點選「Python 3.x.x」（圖 1.7 ❶），再點選畫面下方的「存檔」。

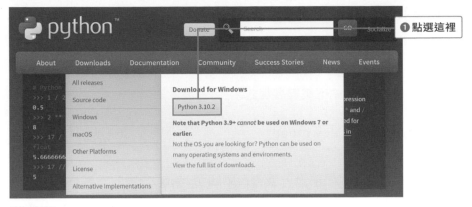

圖1.7 Python 官方網站

❷ 執行安裝程式。

執行剛剛下載的安裝程式就會開啟啟動畫面。勾選對話框下方的「Add Python 3.x to PATH」選項（圖 1.8 ❶），再點選「Install Now」❷。

圖1.8 執行安裝程式

❸ 結束安裝程式。

安裝完成之後，會顯示「Setup was successful」。點選「Close」結束安裝程式。

安裝 Python（macOS）

❶ 下載安裝程式。

第一步先從 Python 的官方網站下載安裝程式。

・https://www.python.org/download/

若是在 macOS 環境下瀏覽這個網頁，就會自動顯示 macOS 版的安裝程式。點選「Python 3.x.x」（圖 1.9 ❶）。

圖1.9 Python 的官方網站

❷ 執行安裝程式。

執行安裝程式就會開啟啟動畫面。在「簡介」畫面點選「繼續」（圖 1.10 ❶）。

圖1.10 執行安裝程式①

❸ 繼續安裝。

根據畫面的指示完成安裝（圖 1.11 ❶、圖 1.12 ❶、圖 1.13 ❶❷、圖 1.14 ❶）。

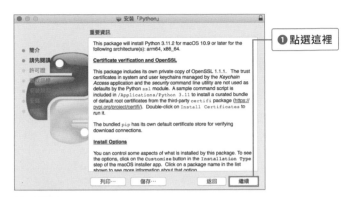

圖1.11 執行安裝程式②

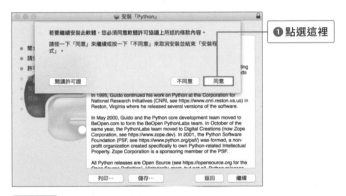

圖1.12 執行安裝程式③

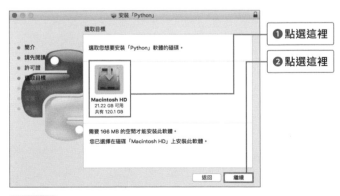

圖1.13 執行安裝程式④

圖1.14 執行安裝程式⑤

❹ 結束安裝程式。

過了一會兒會顯示「已成功安裝。」代表 Python 已安裝完畢。點選「關閉」（圖
1.15 ❶）結束安裝程式。

圖1.15 安裝完成

安裝 Python 的同時也會安裝能使用 Python 的應用程式。這個應用程式就是
「IDLE」。

IDLE 是能**快速執行 Python 的應用程式**，可用來確認 Python 的執行結果，也很適
合初學者用來學習 Python。如果已經是高手，可利用更高階的開發應用程式撰寫
Python 的程式，但一開始讓我們先試著使用**簡單方便的 IDLE** 吧。

雖然 Windows 與 macOS 啟動 IDLE 的步驟不同，但啟動之後的畫面是相同的。接著讓我們試著啟動 IDLE 吧。

啟動 IDLE（Windows 環境）

從開始選單點選「所有的應用程式」→「Python 3.x」（圖 1.16 ❶ ）→「IDLE（Python 3.x 64-bit）」❷ 。

圖 1.16 啟動 IDLE（Windows 環境）

IDEL 啟動之後，會顯示 Shell 視窗（圖 1.17）。

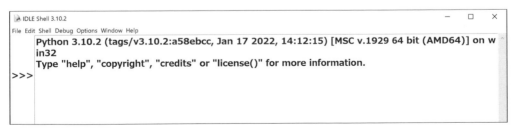

```
IDLE Shell 3.10.2                                                    —    □    ×
File Edit Shell Debug Options Window Help
        Python 3.10.2 (tags/v3.10.2:a58ebcc, Jan 17 2022, 14:12:15) [MSC v.1929 64 bit (AMD64)] on w
        in32
        Type "help", "copyright", "credits" or "license()" for more information.
>>>
```

圖 1.17 DLE Shell 視窗（Windows 環境）

啟動 IDLE（macOS 環境）

從「應用程式資料夾」的「Python 3.x」資料夾雙點 IDLE.app（圖 1.18 ❶）。

IDLE.app
❶雙點這個

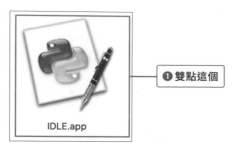

圖1.18 IDLE 應用程式

IDEL 啟動之後，會顯示 Shell 視窗（圖 1.19）。

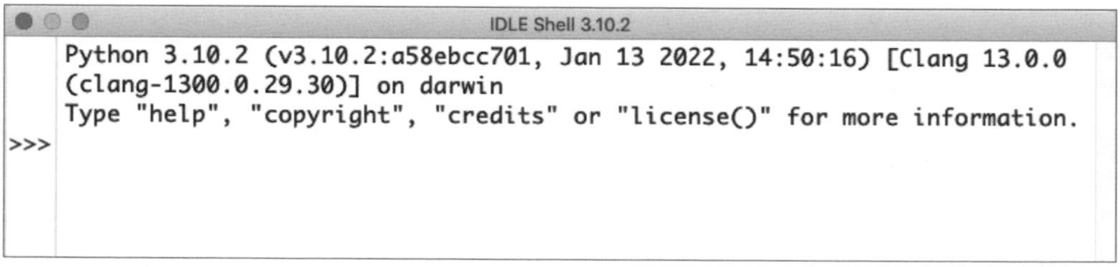

IDLE Shell 3.10.2
Python 3.10.2 (v3.10.2:a58ebcc701, Jan 13 2022, 14:50:16) [Clang 13.0.0
(clang-1300.0.29.30)] on darwin
Type "help", "copyright", "credits" or "license()" for more information.
>>>

圖1.19 IDLE Shell 視窗（macOS 環境）

2

基礎 Python

Recipe

1

Chapter 2

在 IDLE 執行 Python

接下來要說明 Python 的基本知識。第一步請先啟動 IDLE，接著會自動開啟 Shell 視窗（圖 2.1、圖 2.2）。

```
IDLE Shell 3.10.2                                                    —  □  ×
File Edit Shell Debug Options Window Help
   Python 3.10.2 (tags/v3.10.2:a58ebcc, Jan 17 2022, 14:12:15) [MSC v.1929 64 bit (AMD64)] on w
   in32
   Type "help", "copyright", "credits" or "license()" for more information.
>>>
                                                                    Ln: 3 Col: 0
```

圖2.1 Shell 視窗（Windows）

```
                            IDLE Shell 3.10.2
   Python 3.10.2 (v3.10.2:a58ebcc701, Jan 13 2022, 14:50:16) [Clang 13.0.0
   (clang-1300.0.29.30)] on darwin
   Type "help", "copyright", "credits" or "license()" for more information.
>>>
                                                                    Ln: 3  Col: 0
```

圖2.2 Shell 視窗（macOS）

只要在這個 Shell 視窗輸入 Python 的命令就會立刻執行命令。

左側的「>>>」稱為**命令提示字元**，是等待使用者輸入命令的符號。在這個符號後面輸入 Python 的命令再按下「Enter」鍵就會立刻執行命令。

讓我們先試著執行最簡單的命令（語法 2.1），也就是「print（值）」。這是顯示「值」的命令句。這個括號可利用逗號間隔多個值，再一口氣顯示所有的值。

語法2.1 | **顯示值**

```
print( 值 )
```
```
print( 值 , 值 )
```

也可以直接顯示數值或是四則運算的結果。四則運算使用的符號請參考表 2.1)，乘法與除法的符號與一般算數或數學符號有些不同，還請大家注意這點。

表2.1 四則運算的符號

符號	意義
+	加法
-	減法
*	乘法
/	除法
%	餘數
**	次方

命令可一行接著一行輸入。每次輸入之後，都會立刻顯示結果（圖 2.3）。

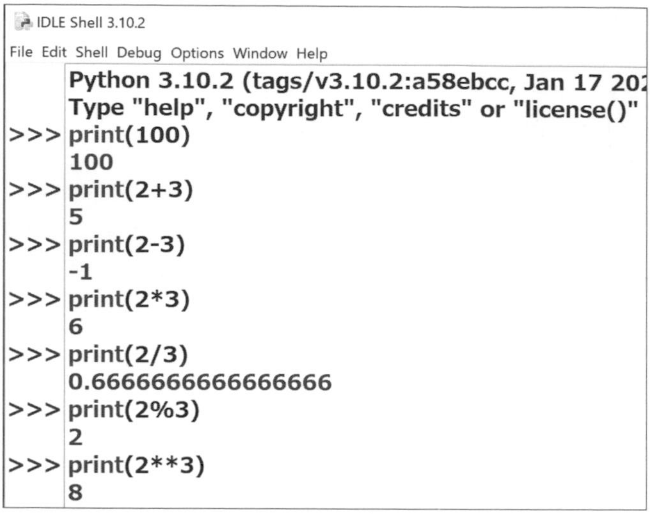

```
🐍 IDLE Shell 3.10.2

File  Edit  Shell  Debug  Options  Window  Help
        Python 3.10.2 (tags/v3.10.2:a58ebcc, Jan 17 202
        Type "help", "copyright", "credits" or "license()"
>>> print(100)
        100
>>> print(2+3)
        5
>>> print(2-3)
        -1
>>> print(2*3)
        6
>>> print(2/3)
        0.6666666666666666
>>> print(2%3)
        2
>>> print(2**3)
        8
```

圖2.3 執行結果

※ 這章將以 Wiindows 的畫面解說。

像這樣在 Shell 視窗輸入命令的方法通常是用來**確認命令的內容**，而一般的程式都會將一堆命令存在檔案再一口氣執行。接著就要利用這種方法撰寫程式。

將命令存成檔案的方法大致分成三個步驟。

① 新增檔案，撰寫程式。

② 儲存檔案。

③ 執行。

❶「新增檔案」。

從選單點選「File」（圖 2.4 ❶）→「New File」（圖 2.4 ❷）之後，會開啟新視窗（圖 2.5）。接著要在這個視窗輸入程式。

※ 如果程式輸入視窗沒有顯示行編號（在每一行開頭的編號），可從 IDLE 的選單設定。

Windows：從選單點選「Options」→「Configure IDLE」，視窗開啟之後，從「Shell ／ Ed」索引標籤勾選「Show line numbers in new windows」選項。

macOS：從選單點選「IDLE」→「Preference」，開啟視窗之後，從「General」索引標籤勾選「Show line numbers in new windows」。

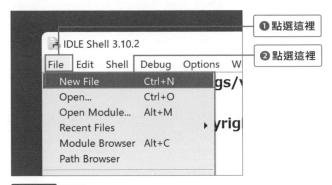

圖2.4 選單

圖2.5 新視窗

接著讓我們試著輸入剛剛的命令（程式 2.1）。目前只是「在檔案撰寫命令而已」，所以輸入程式也不會顯示執行結果（圖 2.6）。

程式2.1	chap2/test2_1.py

```
001    print(100)
002    print(2+3)
003    print(2-3)
004    print(2*3)
005    print(2/3)
006    print(2%3)
007    print(2**3)
```

```
 *untitled*
File Edit Format Run Options Window Help
1 print(100)
2 print(2+3)
3 print(2-3)
4 print(2*3)
5 print(2/3)
6 print(2%3)
7 print(2**3)
```

圖2.6 輸入的程式碼

❷ 輸入完畢之後，立刻儲存檔案。

從選單點選「File」（圖 2.7 ❶）→「Save」（圖 2.7 ❷），替檔案命名之後，點
選「存檔」。比方説，將檔案儲存為「test2_1」（圖 2.8 ❶、❷）。如果作業系統
是 Windows，可選擇儲存在「文件」；如果是 macOS，也可以選擇「文件」這類
資料夾儲存檔案。

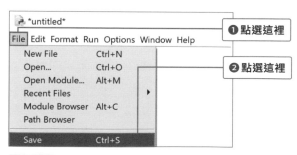

圖2.7 選單

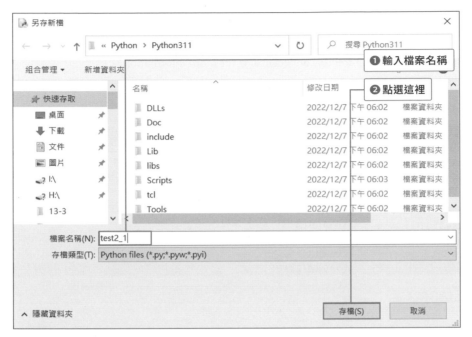

圖2.8 另存新檔對話框

此外，Python 檔案的副檔名為「.py」，所以輸入「test2_1」就會自動以「test2_1.py」這種帶有副檔名的檔案名稱儲存。

❸ 執行這個程式

要執行程式可從選單點選「Run」（圖 2.9 ❶）→「Run Module」（圖 2.9 ❷），如此一來就會執行程式（圖 2.10）。

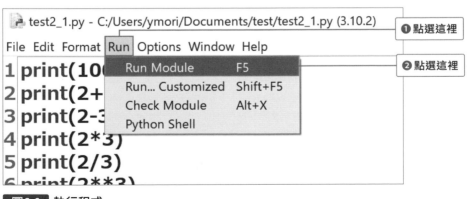

圖2.9 執行程式

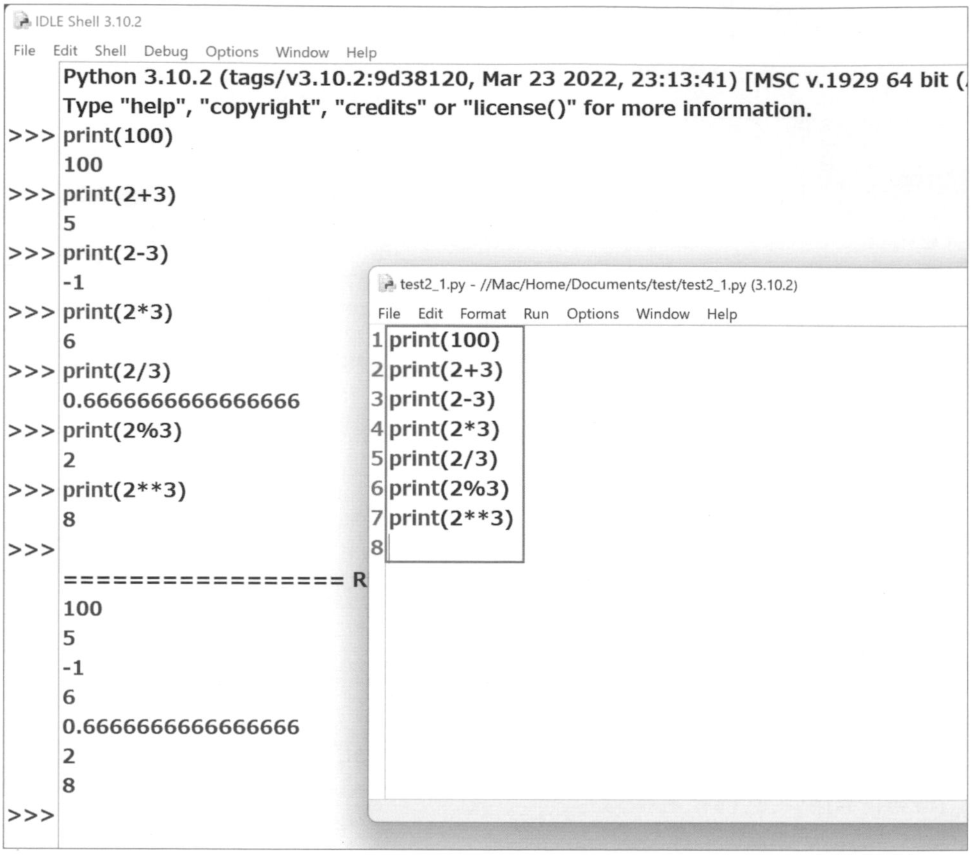

```
IDLE Shell 3.10.2
File  Edit  Shell  Debug  Options  Window  Help
      Python 3.10.2 (tags/v3.10.2:9d38120, Mar 23 2022, 23:13:41) [MSC v.1929 64 bit (
      Type "help", "copyright", "credits" or "license()" for more information.
>>> print(100)
      100
>>> print(2+3)
      5
>>> print(2-3)
      -1
>>> print(2*3)
      6
>>> print(2/3)
      0.6666666666666666
>>> print(2%3)
      2
>>> print(2**3)
      8
>>>
      ================ R
      100
      5
      -1
      6
      0.6666666666666666
      2
      8
>>>
```

```
test2_1.py - //Mac/Home/Documents/test/test2_1.py (3.10.2)
File  Edit  Format  Run  Options  Window  Help
1 print(100)
2 print(2+3)
3 print(2-3)
4 print(2*3)
5 print(2/3)
6 print(2%3)
7 print(2**3)
8
```

圖2.10 執行結果

執行結果會顯示於剛剛顯示執行結果的「Shell 視窗」，不會在撰寫程式的視窗
顯示。

Recipe
2 將資料放入變數再使用
Chapter 2

在程式設計的世界裡，通常會將資料放進**「箱子」**再使用，而這個箱子就稱為**「變數」**。

要建立變數只需輸入**「變數名稱 = 值」**（語法 2.2）。這個語法的意思是**「請建立這個變數名稱的箱子，再將值放進這個箱子」**。

語法2.2	建立變數的方法
變數名稱 = 值	

這個變數名稱可隨意自訂，但通常只會使用半形的英文字母。此外，「print」這種已經被當成 Python 命令使用的單字（保留字），不能用來替變數命名。

接著讓我們試著撰寫建立變數，計算資料的程式吧。從選單點選「File」→「New File」，新增檔案，再輸入程式 2.2 的程式碼。

程式2.2   chap2/test2_2.py

```
001  a = 2
002  b = 3
003  c = a + b
004  print(a, b, c)
```

將程式儲存為 test2_2.py 這個檔案之後，從選單點選「Run」→「Run Module」執行看看。

2

基礎 Python

2 3 5

這次將 2 放入變數 a，再將 3 放入變數 b，然後將 a+b 的計算結果放入變數 c，最後再依序顯示上述流程的結果。

Python 除了可以操作數值，還可以操作**各種資料**，而這就叫做「**資料類型**」，其中包含「整數類型、浮點數類型、字串類型、布林類型」等類型。

整數類型又稱為「int」類型，可用來計算東西的個數或是調查東西的順序。「int」就是 integer（整數）的縮寫。

浮點數類型（小數點）又稱為「float（浮點）」，通常用來代表現實世界的重量或是長度。所謂的「float」就是代表浮點數的 floating point number 簡稱。

字串類型又稱為「str」，可用來代表字串。「str」就是 string（字串）的簡稱。

布林類型又稱為「bool」，主要在電腦進行判斷的時候使用。正確的時候會是 True，錯誤的時候會是 False 這種值。

雖然資料的類型有很多，但 Python 都**以相同的語法操作**，所以建立變數的時候，不管是哪種類型都可利用「**變數名稱 = 值**」建立變數，因為 Python 會根據值的資料類型，自動準備「**適合存放這個資料的箱子**」。

資料類型不同的時候，其實得在電腦內部的記憶體進行不同的處理，但 Python 會幫我們省去這類麻煩。

讓我們試著建立各種資料類型的變數吧（程式 2.3）。

程式2.3	chap2/test2_3.py

```
001   a = 123
002   b = 123.4
```

```
003    c = "abc"
004    d = True
005    print(a, b, c, d)
```

執行之後，就會顯示各種資料。

執行結果

```
123 123.4 abc True
```

能以相同的方式操作各種資料類型是件很方便的事，但我們得提醒自己「現在操作
的是哪種資料」。比方說，「123」與「"123"」看起來是一樣的資料，但資料類型
卻不一樣。

比方說，在撰寫讓這個數字「乘以 2 倍」的程式時（程式 2.4），就會得到不同的
結果。

程式 2.4   chap2/test2_4.py

```
001    a = 123
002    b = "123"
003    print(a*2)
004    print(b*2)
```

執行結果

```
246
123123
```

執行之後，第 1 個結果會是「246」，第 2 個結果會是「123123」。

這就是資料類型不同的結果。整數類型的「123」*2，就是乘以 2 倍，會是
「246」；但是字串類型的「"123"」*2，卻是「字串重覆」的「"123123"」。

所以在撰寫程式的時候，一定要記得「現在操作的資料」。比方說，**「從鍵盤輸入數值時」**或是**「從外部檔案載入數值時」**，Python 都會先以「字串類型」的方式載入數值，這是因為來自鍵盤或外部檔案的資料有可能會是「非數值的字串」。

記得**「從外部檔案輸入的資料會先當成字串類型操作」**這點非常重要。輸入的數值會先被當成「"123"」這種字串操作，所以無法進行計算。如果想要當成「123」計算，就得先**「轉換資料類型」**。這種**「轉換資料類型」**可利用簡單的命令完成，也就是「**變數 = 資料類型（值）**」的命令（語法 2.3）。

語法2.3	轉換資料類型
變數 = float（值）	轉換為浮點數類型
變數 = int（值）	轉換為整數類型
變數 = str（值）	轉換為字串類型
變數 = bool（值）	轉換為布林類型

換言之，只需撰寫**「想轉換的資料類型（值）」**，就能將資料轉換成需要的資料類型。讓我們試著利用這個命令修正程式 2.4 的第 2 行程式吧（程式 2.5）。

程式2.5	chap2/test2_5.py

```
001  a = 123
002  b = int("123")
003  print(a*2)
004  print(b*2)
```

執行結果
246
246

執行之後，就能正確計算字串類型的資料。這就是常在需要正確操作人類輸入的數值時使用的轉換處理。

利用 if 句進行判斷

也可利用程式**進行判斷**，而這就是所謂的 **if 句**。可將內容會產生變化的變數當成條件，進行「**如果……，就做……**」的判斷（語法 2.4）。

語法2.4	**if 句**

if　條件式：

　如果……，就做……的處理

這個「**如果……，就做……的處理**」的程式碼，必須讓該**行程式碼的開頭往右縮排一級**。Python 會將「**縮放的部分視為同一塊處理**」。if 句會將這個部分視為「只在 if 句的條件成立之際執行的處理」。此外，將縮排的部分寫成好幾行之後，就能將「只在 if 句的條件成立之際執行的處理」寫成好幾行。

這個**條件式**可使用**比較運算子**（表 2.2）的符號、不等號與其他符號撰寫。比較「變數的內容」與「特定值」，再進行「當這個算式成立就執行，不成立就不執行」的分歧處理。

表2.2 比較運算子的種類

符號	意義
a == b	a 等於 b
a != b	a 不等於 b
a < b	a 小於 b
a > b	a 大於 b

比方説，讓我們撰寫一個「**確認分數 score 是否大於等於 60 分，再回答是否及格的程式**」（程式 2.6）。

程式2.6	chap2/test2_6.py

```
001    score = 50
002    print(score," 分。")
003    if score >= 60:
004        print(" 及格。")
```

執行這個程式之後只會顯示「50 分」。這是因為 score 是「50」，不是 60，所以不會顯示「及格。」

執行結果

```
50 分。
```

接著讓我們將程式 2.6 的第 1 行改成程式 2.7 的內容。

程式2.7	修正之後的程式（第 1 行）

```
001    score = 80
```

如此一來，就會顯示「及格。」因為 score 是 80，而滿足「大於等於 60」的條件。

執行結果

```
80 分。
及格。
```

換言之，我們已經可以透過 if 句進行「**某個條件是否成立的判斷**」。

Recipe
4
Chapter 2

大量資料可放入列表
再重覆使用

「**變數**」就像是「**存放一筆資料的箱子**」，可以存放**一個值**。

不過，若為了操作大量的資料而準備大量的變數，那可就太麻煩了。這時候就可以改用「**列表**」。「**列表**」是能「**存放大量資料的箱子**，**還能依序排列這些資料**」，所以能夠存放**大量的值**。

建立列表的方法就是「**替列表命名**，**再於 [] 之中以逗號間隔值**」，可寫成「**列表名稱 =[值，值，值，……]**」的格式（語法 2.5）。

語法 2.5　建立列表的方法

　列表名稱 = [值，值，值，…]

列表之中的每一筆資料都可利用「**列表名稱 [編號]**」的語法，以編號存取。

若寫成「**變數名稱 = 列表名稱 [編號]**」，就能將值存入其他的變數，而「**列表名稱 [編號]= 值**」的語法則可變更列表的值（語法 2.6）。要注意的是，這個編號是**從 0 開始**，所以要存取列表的**第一筆資料**必須寫成「**列表名稱 [0]**」。

語法 2.6　列表的使用方法

　變數名稱 = 列表名稱 [編號]

　列表名稱 [編號] = 值

2

基礎 Python

讓我們試著撰寫將資料放入列表，再顯示整個列表的內容以及第一筆資料的程式吧
（程式 2.8）。

程式2.8 **chap2/test2_7.py**

```
001   names = ["A 太 ","B 介 ","C 子 ","D 郎 "]
002   print(names)
003   print(names[0])
```

執行結果

```
['A 太 ', 'B 介 ', 'C 子 ', 'D 郎 ']
A 太
```

列表通常會與方便好用的命令句 **for 句**一起使用。這是屬於迴圈的命令，可逐次從
列表取出資料再進行處理（語法 2.7）。

語法2.7 **for 句**

```
for   取出資料專用的變數 in 列表名稱 ：
      要重覆的處理
```

這個「**要重覆的處理**」部分與 if 句一樣，都需要「**縮排**」，也就是「要重覆執行的
程式區塊」。

讓我們試著使用 for 句仿照程式 2.8 的做法，顯示相同的資料吧（程式 2.9）。

程式2.9 **chap2/test2_8.py**

```
001   names = ["A 太 ","B 介 ","C 子 ","D 郎 "]
002   for name in names:
003        print(name)
```

執行結果

A 太

B 介

C 子

D 郎

執行這個程式之後，會依序顯示列表的資料。這種 for 句若與 if 句搭配，就能完成
「從列表找出資料」 的功能。

比方説，讓我們試著撰寫「從列表找出 C 子」的程式（程式 2.10）。也就是在 for
句的迴圈之中以 if 句進行「取得的值是否為 C 子」的判斷。

程式2.10　chap2/test2_9.py

```
001   names = ["A 太 ","B 介 ","C 子 ","D 郎 "]
002   for name in names:
003       if name == "C 子 ":
004           print(name, " 找到了。")
```

執行結果

C 子 找到了。

執行之後，就會得到「在列表找到 C 子」的結果。不過，若只是這樣，還無法得知
「C 子在列表的第幾個」，所以這時候可在 for 句加上 enumerate() **命令**，取得
「資料位於列表的順序」，這時候會得到「編號」與「值」這兩個值。

由於會傳回兩個值，所以要準備兩個變數接收（語法 2.8）。「編號變數」用來接
收「編號」，「取出變數」用來接收「值」。

語法2.8　for 句（取得整組的編號與值）

```
for  編號變數 , 取出變數 in enumerate（列表名稱） ：
     要重覆的處理
```

讓我們利用語法 2.8 修正程式 2.10 的程式碼吧（程式 2.11）。

程式2.11　chap2/test2_10.py

```
001  names = ["A 太 ","B 介 ","C 子 ","D 郎 "]
002  for i, name in enumerate(names):
003      if name == "C 子 ":
004          print(i, " 號的 ", name, " 找到了。")
```

執行這個程式之後，就會知道 C 子「位於列表的順序」。

執行結果

2 號的 C 子 找到了。

Recipe 5 Chapter 2 — 在條件成立之時重覆執行處理

for 句雖然可用來撰寫「知道要重覆執行幾次處理的迴圈」，但要撰寫「不知道要重覆執行幾次處理的迴圈」時可改用 while 句（語法 2.9）。

語法2.9　while 句

while 條件式 :

　　只要條件成立就重覆執行的處理

這個**「要重覆執行的處理」**部分一樣要套用**「縮排」**樣式。

while 句是可在「條件成立之際，不斷重覆執行處理」的迴圈命令，通常會與 if 句搭配使用。具體來説，可在**「沒有具體的資料，但想找到計算值的時候」**使用。

比方説，「數值若以 2、4、8、16 這種兩倍的速度增加時，超過 1000 的時候會是什麼數值呢？」這種情況就是沒有具體的資料，但只要重覆執行處理就會得到答案，對吧？所以讓我們試著撰寫**「讓數值不斷乘以 2 倍，找出超過 1000 的值」**的程式（程式 2.12）。

程式2.12　chap2/test2_11.py

```
001   a = 1
002   while a < 1000:
003       a = a * 2
004   print(" 不斷乘以 2 倍，直到超過 1000 之後的第一個值是 ",a)
```

將 1 放入變數 a，再於**變數 a 小於 1000** 的情況之下，不斷地讓變數 a 乘以 2 倍。**一旦變數 a 大於等於 1000**，就讓迴圈停止並顯示變數的內容。

執行結果

不斷乘以 2 倍，直到超過 1000 之後的第一個值是 1024

執行這個程式之後，會得到 1024 這個結果。

while 句還有另一種用法，那就是**「希望在應用程式不斷執行的時候使用」**。

一般來說，應用程式都會在使用者「想結束」之前不斷執行。只要使用 while 句就能建立這種不斷執行的機制。將 while 句的條件式設定為 True，就能讓**條件式永遠都是成立的狀態**，程式也會不斷地執行。

一般來說，應用程式都會加入**「按『結束』就停止執行（break）」**的處理，但這次要試著撰寫「一直重覆執行處理的程式」（語法 2.10）。而這種程式就稱為**無窮迴圈**。

語法2.10 **while 句（不斷重覆執行）**

```
while True :
        要不斷重覆執行的處理
```

比方說，讓我們試著撰寫「不斷乘以 2 倍的程式」（程式 2.13）。

程式2.13 **chap2/test2_12.py**

```
001  a = 1
002  while True:
003      a = a * 2
004      print(a)
```

執行這個程式之後，就會一直讓變數 a 乘以 2 倍，數字會變得越來越大。

由於這個程式是無窮迴圈，會一直計算下去，所以必須**手動中斷程式**。中斷程式的方法就是按住「Ctrl」鍵再按下「C」鍵，如此一來就能**強制中斷程式**。

2

4

8

16

（... 略 ...）

10889035741470030830827987437816582766592

21778071482940061661655974875633165533184

43556142965880123323311949751266331066368

87112285931760246646623899502532662132736

174224571863520493293247799005065324265472

Traceback (most recent call last):

  File "/Users/ymori/samplesrc/chap2/test2_12.py", line 4, in <module>

    print(a)

KeyboardInterrupt

這種「while True 的迴圈」會在後續製作應用程式的時候使用。

Recipe
6
Chapter 2

利用函數統整處理

到目前為止，都是利用各種命令撰寫程式，但是當程式變得越來越複雜，程式碼就會變得很冗長，也難以閱讀。

這時候就可以使用「**函數**」整理程式碼，也就是**替程式碼之中的「某個特定處理」命名，再加上函數名稱**的意思。

將特定處理整理成一個區塊之後，就能在需要使用的時候，**以函數名稱呼叫**，所以就不需要重覆撰寫相同的處理，程式碼也比較不會寫錯。

函數可利用「**def 函數名稱 ()**」的語法建立，之後再讓「**要整理成同一區塊的處理**」**套用相同的縮排樣式**。

只輸入函數的內容無法執行函數，必須**透過函數名稱呼叫函數**。

語法2.11　建立與呼叫函數

```
def 函數名稱 ():
    要整理成函數的處理


函數名稱 ()
```

讓我們試著將剛剛的「**讓數值不斷乘以 2 倍，找出超過 1000 的值**」的程式（程式2.12）**整理成函數**吧（程式 2.14）。這次要建立「calc」這個函數，再以 calc() 這個函數名稱執行函數。

程式2.14	chap2/test2_13.py

```
001  def calc():
002      a = 1
003      while a < 1000:
004          a = a * 2
005      print(" 不斷乘以 2 倍，直到超過 1000 之後的第一個值是 ",a)
006
007  calc()
```

這個程式執行之後，會得到與程式 2.12 一樣的結果。

執行結果

不斷乘以 2 倍，直到超過 1000 之後的第一個值是 1024

雖然結果一樣，但是處理已經整理成函數，整理成**同一個區塊**，所以之後若需要執行相同的處理，就只需要輸入函數名稱。

不過，若只是呼叫這個函數，就只會「執行相同的處理」。一般來說，「執行過程相同，但使用的資料不同」的處理比較常見對吧？所以這時候就要使用**「參數」**。透過參數將「略有不同的資料」傳入函數，就能執行「資料略有不同的相同處理」（語法 2.12）。如果參數（要傳遞的資料）有很多個，可利用逗號間隔（語法 2.13）。

語法2.12　**建立與呼叫函數（一個參數的情況）**

def 函數名稱（參數）：
    要以函數執行的處理

函數名稱（參數）

　建立與呼叫函數（有多個函數的情況）

```
def 函數名稱（參數 1，參數 2）:

    要以函數執行的處理


函數名稱（參數 1，參數 2）
```

讓我們試著將剛剛的「**整理成函數的程式（程式 2.14）**」的「1000」改成參數（程式 2.15），接著再於呼叫函數的時候，將參數改成 1000、10000、100000，試著讓函數執行不同的處理。

程式 2.15 　chap2/test2_14.py

```
001   def calc(max):
002       a = 1
003       while a < max:
004           a = a * 2
005       print(" 不斷乘以 2 倍之後，超過 ",max," 之後的第一個值為 ",a)
006
007   calc(1000)
008   calc(10000)
009   calc(100000)
```

函數這邊是以參數 max 接收值，再利用這個 max 計算。

呼叫函數的部分會在呼叫函數的時候以參數傳遞值。讓我們試著以 1000、10000、100000 這三個值呼叫函數，執行之後，會得到下列的結果。

執行結果

```
不斷乘以 2 倍之後，超過 1000 之後的第一個值為 1024
不斷乘以 2 倍之後，超過 10000 之後的第一個值為 16384
不斷乘以 2 倍之後，超過 100000 之後的第一個值為 131072
```

這個 calc() 函數也會「**顯示在函數執行過程中的結果**」。不過，有時候只需要在呼叫函數端顯示或處理結果，而這時候可將執行結果傳遞給函數的呼叫端，此時執行結果就稱為「**傳回值**」。只要在函數的最後輸入「return **傳回值**」就能傳回值（語法 2.14）。

函數的呼叫端可接收這個**傳回值**再用於處理。

語法 2.14	建立與呼叫函數（有傳回值的情況）

```
def 函數名稱（參數）：
    要以函數執行的處理
    return 傳回值


變數 = 函數名稱（參數）
```

讓我們試著**將剛剛程式（程式 2.15）**的「在函數執行過程中顯示結果的處理」，修改成「在函數的呼叫端顯示結果的處理」吧（程式 2.16）。

程式 2.16	chap2/test2_15.py

```
001  def calc(max):
002      a = 1
003      while a < max:
004          a = a * 2
005      return a
006
007  ans = calc(1000)
008  print(" 超過 1000 之後的第一個值為 ",ans)
009  ans = calc(10000)
010  print(" 超過 10000 之後的第一個值為 ",ans)
011  ans = calc(100000)
012  print(" 超過 100000 之後的第一個值為 ",ans)
```

如此一來，就能在函數的呼叫端顯示計算結果，也能將計算結果當成資料使用。

執行結果

　超過 1000 之後的第一個值為 1024

　超過 10000 之後的第一個值為 16384

　超過 100000 之後的第一個值為 131072

一般來説，函數的傳回值都只有一個，但也可以設定為**「多個傳回值」**，只需要在利用 return 句設定傳回值的時候，利用逗號間隔。此時必須在接收傳回值的部分準備多個變數，再以逗號間隔這些變數（語法 2.15）。

語法2.15　從函數接收兩個傳回值

變數 1，變數 2 = 函數名稱（參數）

讓我們試著將**「利用編號在列表尋找資料的程式（程式 2.11）」**整理成變數，再修正為**「傳遞需要的名稱之後，就傳回編號與名稱的程式」**，但有時候會找不到名稱。

此時會顯示 -1（不可能會是編號的數值）與「找不到該名稱」。讓我們試著在列表尋找「C 子」與「A 子」（程式 2.17）。

程式2.17　chap2/test2_16.py

```
001    def search(findname):
002        names = ["A 太 ","B 介 ","C 子 ","D 郎 "]
003        for i, name in enumerate(names):
004            if name == findname:
005                return i, name
006        return -1, " 找不到該名稱。"
007
008    n, name = search("C 子 ")
009    print(name, n, " 號 ")
```

```
010    n, name = search("A子")
011    print(name, n, "號")
```

如此一來，會找到「C子」以及顯示編號，也會知道找不到「A子」。

執行結果

C子 2 號

找不到該名稱。 -1 號

函式庫是方便好用的函數集合體

Recipe 7 Chapter 2

我們已經知道函數可以幫忙完成**「一連串的作業」**。函數除了可以自己建立,也可以在自己的程式使用別人的函數。只要知道**「函數名稱」**、**「函數的處理內容」**、**「參數與傳回值」**,就能將別人的函數放進自己的程式。這種方便的機制就稱為**「函式庫」**。

Python 內建了大量的**「標準函式庫」**,例如用於計算數值的「math」,用於處理日期與時間的「datetime」或是「time」、「calender」,以及用來產生亂數的「random」。

這些標準程式庫會在安裝 Python 的時候一併安裝,所以只要在程式的開頭輸入 import 句就能立刻使用(語法 2.16)。

語法2.16	載入與呼叫函式庫

```
import 函式庫名稱
```

```
函式庫名稱 . 函數名稱()
```

讓我們試著載入標準函式庫的 random 函式庫吧。只要輸入 import 就能使用亂數功能。先試著撰寫**「隨機顯示 1 ～ 6 的程式」**,這就是所謂的**「擲骰子程式」**(程式 2.18)。

程式 2.18	chap2/test2_17.py

```python
001  import random
002
003  def dice():
004      r = random.randint(1, 6)
005      return r
006
007  ans = dice()
008  print(ans)
009  ans = dice()
010  print(ans)
011  ans = dice()
012  print(ans)
```

第 1 行程式碼載入了 random 函式庫，**第 3～5 行程式碼**是「擲骰子的函數（dice）」。**第 4～5 行程式碼**隨機產生了 1～6 的值，並將產生的亂數當成傳回值傳回。**第 7～8 行、9～10 行、11～12 行的程式碼**呼叫了 dice() 函數，顯示了傳回值。

執行結果
4
6
5

函數總共執行了 3 次，顯示了丟 3 次骰子的結果。

其實**「產生亂數」**的程式比想像中複雜，但因為事先建立了函式庫，所以才能如此輕鬆地產生亂數。由此可知，函式庫就是能將**「別人做好的強大函數」**，放進自己的程式碼使用的超強功能。

除了前述的**「標準函式庫」**之外，還有很多能手動安裝的**「外部函式庫」**，它們也有許多方便好用的功能。

本書會安裝表 2.3 這些外部函式庫，再予以應用。

表2.3 外部函式庫一覽表

函式庫名稱	說明
PySimpleGUI	建立應用程式的函式庫
pdfminer.six	載入 PDF 的函式庫
python-docx	讀取與存寫 Word 檔案的函式庫
openpyxl	讀取與存寫 Excel 檔案的函式庫
Pillow（PIL）	讀取與存寫圖片檔的函式庫
mutagen	讀取與存寫語音檔的函式庫
opencv-python	處理圖片與影片的函式庫
requests	存取網路資料的函式庫
beautifulsoup4	剖析 HTML 或 XML 的函式庫

製作應用程式

利用 PySimpleGUI 製作應用程式

Recipe 1　Chapter 3

話不多說，讓我們立刻試用外部函式庫吧。**外部函式庫的 PySimpleGUI 可讓我們利用 Python 製作應用程式。**

PySimpleGUI 函式庫可在圖 3.1 的網站找到。

圖3.1　PySimpleGUI 函式庫

https://pypi.org/project/PySimpleGUI/

※ 於 Python 函式庫網站顯示的數值有可能會更新。

PySimpleGUI **函式庫**必須手動安裝。如果是 Windows **作業系統**，必須先啟動「命令提示字元」應用程式，而 macOS 則需要啟動「終端機」應用程式，再輸入下列的命令安裝。輸入「pip install」命令之後，就會開始安裝，以及顯示各種訊息（語法 3.1、語法 3.2）。安裝需要一點時間，完成之後，可利用「pip list」命令確認是否安裝成功。

語法3.1	安裝 PySimpleGUI 函式庫（Windows）

```
py -m pip install PySimpleGUI
py -m pip list
```

語法3.2	安裝 PySimpleGUI 函式庫（macOS）

```
python3 -m pip install PySimpleGUI
python3 -m pip list
```

如此一來就能載入與使用（語法 3.3）。

語法3.3	載入 PySimpleGUI 再以 sg 這個簡稱使用

```
import PySimpleGUI as sg
```

接下來讓我們一起了解這個 PySimpleGUI 函式庫的初階使用方法。PySimpleGUI 內建了「**建立應用程式的基本語法**」。

①建立**介面**，②再根據這個介面建立**應用程式的視窗**。③最後**讓視窗持續顯示**，再於視窗之中**根據使用者的操作進行處理**。

1. 建立介面。

2. 建立與顯示視窗。

3. 讓視窗持續顯示，再根據使用者的操作進行處理。

根據上述的三個步驟，「**PySimpleGUI 的陽春版應用程式**」程式碼，可寫成程式碼 3.1 的內容。

程式3.1	chap3/test3_1.py

```
001   import PySimpleGUI as sg
002
003   layout = [[sg.Text(" 你的名字是？ ")],  ── 1. 建立介面
004           [sg.Input()],
```

```
005              [sg.Button(" 執行 ")]]
006
007   window = sg.Window("test1", layout)──── 2. 建立與顯示視窗
008   while True:──────────────────── 3. 讓視窗持續顯示
009       event, values = window.read()
010       if event == None:──────── 4. 根據使用者的操作進行處理
011           break
012   window.close()
```

第 1 行程式碼載入了 PySimpleGUI 函式庫，**第 3 ～ 5 行程式碼**建立了應用程式的介面。這個應用程式的介面由上而下，依序為**「文字（Text）」**、**「輸入欄位（Input）」**與**「按鈕（Button）」**。

第 7 行程式碼建立了應用程式的視窗。將「標題文字」與「介面」傳遞給 Window() 命令，建立與顯示應用程式介面。

第 8 ～ 11 行程式碼是這個應用程式的**主要迴圈**，主要是利用「while True」讓應用程式不斷執行。如果只有這部分的程式，要結束應用程式就只能強制中斷應用程式，所以在此確認使用者**「是否點選了關閉視窗按鈕（None）」**。假設接收到 None 這種事件（event），就利用 **break 句**中止迴圈。

第 12 行程式碼是迴圈中斷之後的處理。當程式執行到這個部分，代表使用者點選了關閉視窗按鈕，所以就關閉視窗，結束應用程式。

執行這個程式之後，會開啟應用程式的介面，視窗標題的部分會顯示「test1」，而視窗之中會顯示**「你的名字是？（文字）」「輸入欄位」與「『執行』按鈕」**。

不過，這個應用程式**只排列了一堆零件**，是沒有任何功能的應用程式，就算按下「執行」按鈕也不會執行任何處理。使用者唯一能做的事情，就是**點選視窗的「關閉」按鈕結束應用程式**，Windows 的「關閉」按鈕為視窗右上方的「×」，macOS 則是左上角的「紅色圓球」，請點選「關閉」按鈕結束應用程式（圖3.2）。

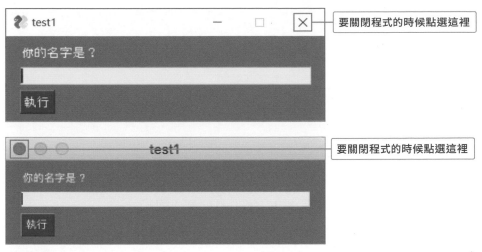

要關閉程式的時候點選這裡

要關閉程式的時候點選這裡

圖3.2 執行結果（上：Windows、下：macOS）

編排零件的方法

PySimpleGUI 也可以利用**「列表的列表」**建立**應用程式的介面**（圖 3.3）。

列表的第一層元素**會在介面排成一列**。由於這個程式有「文字」、「輸入欄位」、「按鈕」這三個零件，所以會是「文字」「輸入欄位」「按鈕」由上而下排成三列的介面。

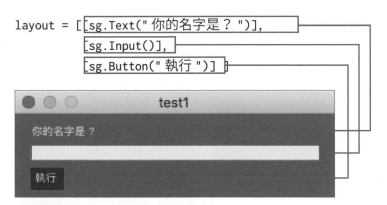

```
layout = [[sg.Text(" 你的名字是？ ")],
          [sg.Input()],
          [sg.Button(" 執行 ")]
```

圖3.3 利用列表的列表編排畫面

※ 之後本書都以 macOS 版的畫面說明。

這個程式在列表的第二層（列表中的列表）各配置了 1 個零件，所以才會是「1 列配置 1 個零件」的介面，不過，在列表的第二層（列表中的列表）配置多個零件，就能讓「多個零件配置在第 1 列」。

比方說，程式 3.2 就是「在 1 列配置多個零件的應用程式」。

程式 3.2　　chap3/test3_2.py

```
001  import PySimpleGUI as sg
002
003  layout = [[sg.Text(" 第 1 列 -1"), sg.Text(" 第 1 列 -2")],
004           [sg.Text(" 第 2 列 -1"), sg.Input(" 第 2 列 -2")],
005           [sg.Button(" 第 3 列 ")]]
006
007  window = sg.Window("test2", layout)
008  while True:
009      event, values = window.read()
010      if event == None:
011          break
012  window.close()
```

第 1 列與第 2 列都配置了多個零件，所以應用程式介面的第 1 列與第 2 列也配置了零件（圖 3.4）

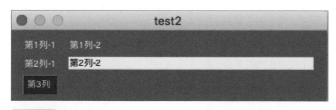

圖 3.4　執行結果

PySimpleGUI 可利用上述的方式在「列表的第 1 層」建立**垂直方向的列**，以及在「列表的第 2 層（列表中的列表）」建立**各列的水平介面**。介面只需要「**以列表指定零件的排列方式**」這種簡單的語法就能完成。

可於介面顯示的零件除了「文字」、「輸入欄位」與「按鈕」之外，還有非常多種。

表3.1 PySimpleGUI 的零件一覽表

函式庫名稱	說明
Text	文字
Input	輸入欄位
Button	按鈕
Multiline	多行文字
FileBrowse	選取檔案按鈕
FolderBrowse	選取資料夾按鈕

Recipe
2
Chapter 3

利用按鈕執行應用程式

學會建立應用程式的介面之後，接下來要試著製作**「按下按鈕，執行處理的機制」**。

比方說，當使用者按下現有的「執行」按鈕，程式就會觸發「按下『執行』了」這類**訊息（事件）**的機制。

在利用**主迴圈**不斷顯示與執行應用程式的時候接受訊息。如果觸發了**「執行」的訊息（事件）**，就執行對應的處理。這就是「按下按鈕，執行處理的機制」（圖3.5）。

```
layout = [[sg.Text("Hello")],
          [sg.Button("執行")]]
window = sg.Window(title, layout)
while True:
    event, values = window.read()
    if event == None:
        break
    if event == "執行":
        # 要執行的處理
window.close()
```

圖3.5 按下「執行」按鈕就觸發「執行」事件

此時要執行的處理若是比較單純，可直接寫在主迴圈裡面，但如果是**一連串的處理**，可先整理成函數，再以呼叫函數的方式執行（圖3.6）。如此一來，就能讓程式碼變得簡單易懂了。

```
def execute():
    # 要執行的處理
layout = [[sg.Text("Hello")],
          [sg.Button("執行")]]
window = sg.Window(title, layout)
while True:
    event, values = window.read()
    if event == None:
        break
    if event == "執行":
        execute()
window.close()
```

函數

圖3.6 點選「執行」按鈕就執行函數

接下來要帶大家製作**「按下『執行』按鈕就顯示不同文字的應用程式」**，但為了改變文字，必須額外花點心思。

這次是要變更現有零件「文字」的內容，所以必須先知道**「要變更哪個零件」**。

這就是所謂的「key」。在建立零件的時候，會以「key="key 名稱"」的方式替零件加上**標記**，而要變更零件的時候，就會使用這個 key 名稱，寫成 window["key 名稱"].update（字串），變更（update）零件的內容（語法 3.4、圖 3.7）。

語法3.4 利用 key 名稱變更指定的文字

```
window["key 名稱"].update（字串）
```

```
def execute():
    msg = " 按下按鈕了 "
    window["text1"].update(msg)

layout = [[sg.Text(" 你好 ", key="text1")],
          [sg.Button(" 執行 ")]]
```

圖3.7 利用 key 變更顯示內容

接著讓我們試著利用 key 製作**「按下『執行』按鈕，變更文字的應用程式」**吧（程式 3.3）。

3

製作應用程式

程式3.3	chap3/test3_3.py

```
001  import PySimpleGUI as sg
002
003  def execute():
004      msg = " 按下按鈕了。"
005      window["text1"].update(msg)
006
007  title = "test3"
008  layout = [[sg.Text(" 你好。", key="text1")],
009            [sg.Button(" 執行 ")]]
010
011  window = sg.Window(title, layout)
012  while True:
013      event, values = window.read()
014      if event == None:
015          break
016      if event == " 執行 ":
017          execute()
018  window.close()
```

接著執行程式，以及按下「執行」按鈕。「你好」的部分（圖3.8）會變成「按下按鈕了」（圖3.9）。由於顯示的字數變多了，所以視窗也自動變大了。

圖3.8 執行結果（按下「執行」按鈕之前）

圖 3.9 執行結果（按下「執行」按鈕之後）

輸入值的方法

此外，key 也可以在**取得輸入欄位（input）的字串**之際使用（語法 3.5）。

語法3.5	利用 key 名稱取得指定的 Input 的字串

```
變數 = values["key 名稱 "]
```

接著讓我們試著撰寫「**按下『執行』按鈕就取得輸入欄位的字串，再以該字串變更顯示內容的應用程式**」。

這次要在按下「執行」按鈕的時候取得輸入欄位的字串，再以函數的參數傳遞字串與進行處理，最後再於畫面顯示（程式 3.4）。

程式3.4	chap3/test3_4.py

```
001  import PySimpleGUI as sg
002
003  def execute(value):
004      msg = value + " 先生／小姐、你好。"
005      window["text1"].update(msg)
006
007  title = "test4"
008  layout = [[sg.Text(" 你的名字是？ "), sg.Input(" 您的姓名 ", ⏎
         key="input1")]
009          [sg.Button(" 執行 ")],
010          [sg.Text(key="text1")]]
```

```
011
012    window = sg.Window(title, layout)
013    while True:
014        event, values = window.read()
015        if event == None:
016            break
017        if event == " 執行 ":
018            execute(values["input1"])
019    window.close()
```

接著執行程式（圖 3.10），再於「輸入欄位」輸入字串（圖 3.11 ❶），最後再按下「執行」按鈕（圖 3.11 ❷）。如此一來，就會利用**輸入的字串** values["input1"]，在**文字** window["text1"] 顯示字串（圖 3.11 ❸）。

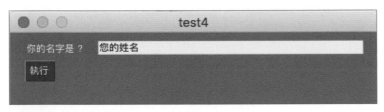

圖3.10 執行結果（按下「執行」按鈕之前）

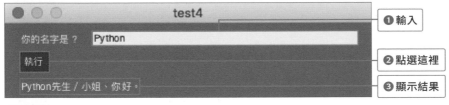

圖3.11 執行結果（按下「執行」按鈕之後）

放大顯示

好不容易才完成這個能進行一些處理的應用程式，所以讓我們試著放大這個應用程式吧。將「文字（Text）」換成「多行文字（Multiline）」，顯示框就會變大，也就能選取字串。換言之，**就能複製執行結果的文字再加以利用。**

接著可利用 Window() 命令指定 font=(None, 文字大小) 變更應用程式的文字大小
（語法 3.6）。

<table>
<tr><td>語法 3.6</td><td>指定應用程式的文字大小</td></tr>
</table>

```
window = sg.Window(title, layout, font=(None, 文字大小 ))
```

「文字」、「按鈕」與「多行文字」這類零件的大小，可在建立零件之際以 size=
（寬 , 高 ）指定（語法 3.7）。

<table>
<tr><td>語法 3.7</td><td>指定零件的大小</td></tr>
</table>

```
sg.Text(" 文字 ", size=( 寬 , 高 ))

sg.Button(" 執行 ", size=( 寬 , 高 ))

sg.Multiline(size=( 寬 , 高 ))
```

若想變更零件上下左右的留白，可利用 pad=（ 左右留白 , 上下留白 ）的語法指定
（語法 3.8）。

<table>
<tr><td>語法 3.8</td><td>指定零件上下左右的留白</td></tr>
</table>

```
sg.Button(" 執行 ", size=( 寬 , 高 ), pad=( 左右留白 , 上下留白 ))
```

接著讓我們利用上述的語法，讓**「按下『執行』按鈕就取得輸入欄位的字串，再以
該字串變更顯示內容的應用程式（程式 3.4）」放大顯示吧**（程式 3.5）。

<table>
<tr><td>程式 3.5</td><td>chap3/test3_5.py</td></tr>
</table>

```
001   import PySimpleGUI as sg
002
003   def execute(value):
004       msg = value + " 先生／小姐、你好。"
005       window["text1"].update(msg)
006
```

```
007    title = "test5"
008    layout = [[sg.Text(" 你的名字是？"), sg.Input(" 您的姓名 ", ↵
       key="input1")],
009           [sg.Button(" 執行 ", size=(20,1), pad=(5,15))],
010           [sg.Multiline(key="text1", size=(64,10))]]
011
012    window = sg.Window(title, layout, font=(None,14))
013    while True:
014        event, values = window.read()
015        if event == None:
016            break
017        if event == " 執行 ":
018            execute(values["input1"])
019    window.close()
```

執行程式之後，就會看到應用程式放大了（圖 3.12）。

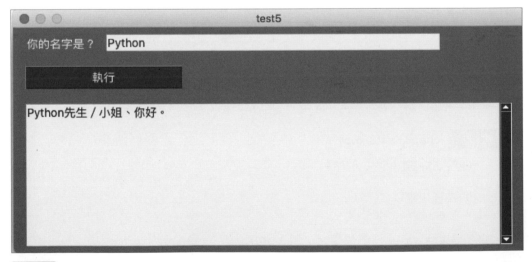

圖3.12 執行結果

開啟選擇檔案的對話框

Recipe 3

Chapter 3

想要開啟選取檔案對話框可使用「FileBrowse」。可以建立檔案的「選取」按鈕。

按下這個**「選取」按鈕**就會自動開啟**「選取檔案對話框」**，也就能從中選取檔案。雖然選取檔案之後，對話框就會自動關閉，但此時選取的檔案名稱，會自動輸入**「與『選取』按鈕同一列的前一個 Text 或是 Input」**（程式 3.6）。

程式3.6	chap3/test3_6.py

```python
001  import PySimpleGUI as sg
002
003  title = " 選取檔案文字 "
004  layout = [[sg.Text(" 選取檔案 ", size=(12,1)),
005              sg.Input(".", key="infile"),
006              sg.FileBrowse(" 選取 ")]]
007
008  window = sg.Window(title, layout, font=(None,14))
009  while True:
010      event, values = window.read()
011      if event == None:
012          break
013  window.close()
```

3

製作應用程式

按下「選取」按鈕（圖 3.13 ❶），就會開啟「選取檔案對話框」，也就能夠選取檔案（圖 3.14 ❶❷），而且檔案名稱還會輸入前一個輸入欄位（第 5 行程式碼的 Input）（圖 3.15）。

圖 3.13 按下「選取」

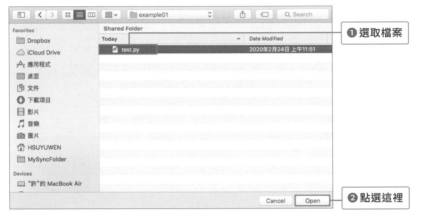

圖 3.14 選取檔案

圖 3.15 顯示了剛剛選取的檔案

如果**想要開啟選取資料夾對話框**可使用「FolderBrowse」。這個命令可建立資料夾的「選取」按鈕。

點選**這個「選取」按鈕**會自動開啟**「選取資料夾對話框」**，再選取資料夾。雖然選取資料夾之後，對話框就會關閉，但此時選取的資料夾名稱會自動輸入**「與『選取按鈕』同一列的前一個 Text 或是 Input」**（程式 3.7）。

程式 3.7	chap3/test3_7.py

```
001   import PySimpleGUI as sg

002
```

```
003    title = " 選取資料夾文字 "
004    layout = [[sg.Text(" 選取資料夾 ", size=(12,1)),
005               sg.Input(".", key="infolder"),
006               sg.FolderBrowse(" 選取 ")]]
007
008    window = sg.Window(title, layout, font=(None,14))
009    while True:
010        event, values = window.read()
011        if event == None:
012            break
013    window.close()
```

讓我們執行這個程式看看。點選「選取」按鈕（圖 3.16 ❶），開啟選取資料夾對話框之後，選取資料夾（圖 3.17 ❶❷）。如此一來，**資料夾名稱就會自動輸入前一個輸入欄位（第 5 行程式碼的 Input）**（圖 3.18）。

圖 3.16 點選「選取」

圖 3.17 選取資料夾

圖 3.18 顯示剛剛選取的資料夾了

Recipe
4
Chapter 3

雙點執行應用程式

我們總算完成應用程式了。不過，要執行這個應用程式有點麻煩，因為「得先啟動 IDLE，開啟 Python 檔案再執行程式碼」。如果可以**「雙點檔案」**就執行應用程式就好了對吧？讓我們試著朝這個方向修正吧。

其實談不上修正，就只是**將副檔名從「.py」變更為「.pyw」**而已。

如果是從 Python 的官方網站安裝 Python，基本上「.pyw」會與「Python Launcher」建立關聯性。所以只要雙點 pyw 檔案（圖 3.19、圖 3.20），就能自動執行 Python 程式。這個程式是以 PySimpleGUI 函式庫顯示應用程式，所以**「只需要雙點檔案就能啟動應用程式」**。

就算副檔名變成「.pyw」，檔案內容還是一樣，可以從 IDLE 的選單點選「File」→「Open…」載入 pyw 檔案，也能確認與編輯檔案的內容。編輯完畢可以直接儲存，之後也可以雙點這個檔案啟動應用程式。

圖3.19 Python Launcher（Windows）

圖3.20 Python Launcher（macOS）

讓我們試著變更副檔名吧。變更**「選取資料夾應用程式的程式（test3_7.py）」**的副檔名，將檔案名稱改成 test3_7.pyw。雙點這個 test3_7.pyw 檔案會啟動選取資料夾應用程式。之後可點選視窗的「關閉」按鈕關閉應用程式，也就是點選 Windows 右上角的「✕」按鈕（圖 3.21），或是 macOS 左上角的「紅色圓球」按鈕（圖 3.22）。

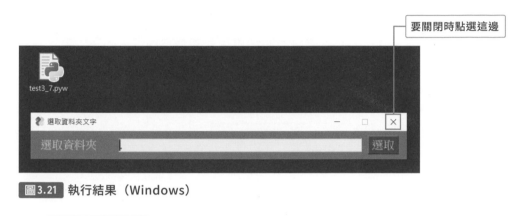

圖3.21 執行結果（Windows）

圖3.22 執行結果（macOS）

不過，有些電腦環境會讓 pyw 檔案與其他應用程式產生關聯，此時就無法執行應用程式；這時候可手動建立與 pyw **檔案的關聯性**，這部分會在下一頁說明。

替 pyw 檔案設定關聯性（Windows）

❶ 在 pyw 檔案按下滑鼠右鍵，再點選「內容」。

❷ 變更程式的關聯性（圖 3.23 ❶、圖 3.24 ❶）。

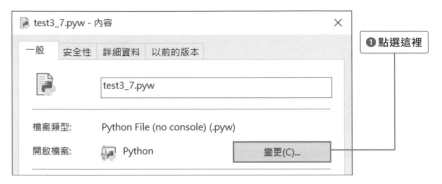

圖 3.23 內容

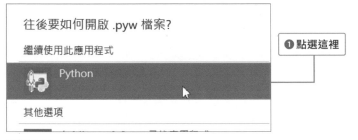

圖 3.24 選單

替 pyw 檔案設定關聯性（macOS）

❶ 在 pyw 檔案按下滑鼠右鍵，點選「簡介」。

❷ 在「打開檔案的應用程式」變更開啟這類檔案的應用程式（圖 3.25 ❶、圖 3.26 ❶）。

如此一來，所有的「pyw 檔案」都能以「Python Launcher.app」開啟。

圖3.25 簡介

圖3.26 簡介

手動完成關聯性的設定之後，就能雙點檔案啟動應用程式。

※ 利用這個方法製作的應用程式可在 Python 環境下執行。如果只是將 pyw 檔案複製到另外的電腦，
將無法執行應用程式，必須先安裝 Python 環境才行。

建立應用程式的範本

Recipe 5 / Chapter 3

接著讓我們為了「**自動完成處理的應用程式**」建立「**範本應用程式**」吧。

這次的目標是具有「**在輸入欄位輸入值**」、「**利用函數完成處理**」、「**以文字的方式顯示執行結果**」這三項功能的應用程式。介面的**第 1 列**是「輸入欄位的說明」與「輸入欄位」，**第 2 列**是容易點選的「執行」按鈕，**第 3 列**是顯示結果的「多行文字（Multiline）（圖 3.27）。

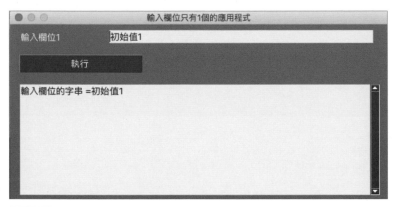

圖 3.27 範本「input1.pyw」

這個應用程式會以函數的參數傳遞**輸入欄位的字串**再執行處理，接著在文字欄位顯示執行結果的字串（圖 3.28），所以要讓**函數能以字串傳遞與接收參數或傳回值**。只要在自訂函數的時候，讓「**參數與傳回值都是字串**」，就能立刻替換內容。

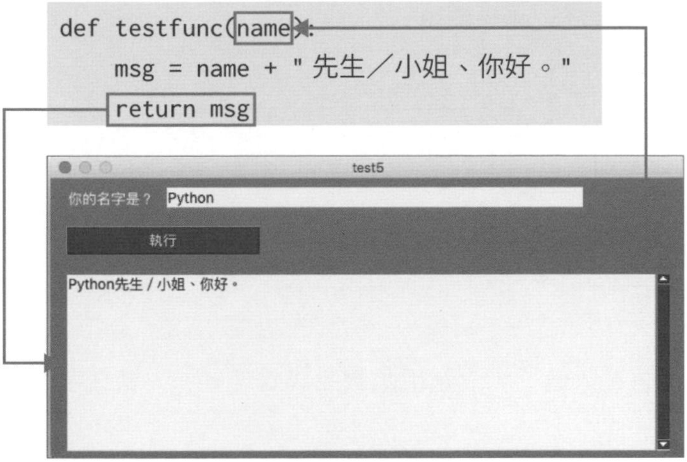

```
def testfunc(name):
    msg = name + " 先生／小姐、你好。"
    return msg
```

```
test5
你的名字是？ Python
         執行
Python先生 / 小姐、你好。
```

圖3.28 函數的參數與傳回值都是字串

不過，自訂函數沒有想到這個應用程式的部分，所以沒有**「從應用程式的輸入欄位取得值」**或是「在文字欄位顯示執行結果」的部分。當然，可以的話，誰都希望在不需要修正的情況下使用自訂函數。

因此，這次不會在按下應用程式的「執行」按鈕之後直接呼叫自訂函數，而是要在這個應用程式建立執行專用函數（execute），再呼叫這個函數。這個執行專用函數會**「從應用程式的輸入欄位取得值」**，再將值傳遞給自訂函數與呼叫自訂函數，然後在接收執行結果之後，「於文字欄位顯示執行結果」進行前後兩段的處理。如此一來，**「自訂函數就能直接複製與使用」**了。

除此之外，還設計了一些只需要部分修正或是替換，就能改造成自訂應用程式的範本，基本構造請參考圖 3.29。

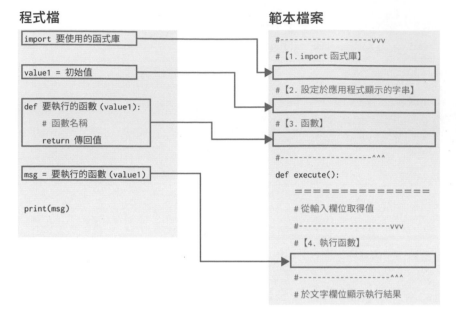

程式檔

```
import 要使用的函式庫

value1 = 初始值

def 要執行的函數 (value1):
    # 函數名稱
    return 傳回值

msg = 要執行的函數 (value1)

print(msg)
```

範本檔案

```
#---------------------vvv
#【1. import 函式庫】


#【2. 設定於應用程式顯示的字串】


#【3. 函數】


#---------------------^^^

def execute():
    ================
    # 從輸入欄位取得值
    #---------------------vvv
    #【4. 執行函數】


    #---------------------^^^
    # 於文字欄位顯示執行結果
```

圖 3.29 範本程式的基本結構

簡單來説，只要修正範本的四個部分就能建立自訂函數。

1. import 函式庫

2. 設定於應用程式顯示的字串

3. 函數主體

4. 執行函數的部分

這個範本程式為「只有 1 個輸入欄位（範本 input1.pyw）」（程式 3.8）。

程式 3.8 template/ 範本 input1.pyw

```
001    import PySimpleGUI as sg

002    #--------------------vvv

003    #【1.import 函式庫】

004

005    #【2. 設定於應用程式顯示的字串】

006    title = " 輸入欄位只有 1 個的應用程式 "
```

```
007    label1, value1 = " 輸入欄位 1", " 初始值 1"

008

009    #【3. 函數】

010    def testfunc(word1):

011        return " 輸入欄位的字串 =" + word1

012    #-------------------^^^

013    def execute():

014        value1 = values["input1"]

015        #-------------------vvv

016        #【4. 執行函數】

017        msg = testfunc(value1)

018        #-------------------^^^

019        window["text1"].update(msg)

020    # 應用程式的介面

021    layout = [[sg.Text(label1, size=(14,1)), sg.Input(value1, ↵
       key="input1")],

022            [sg.Button(" 執行 ", size=(20,1), pad=(5,15), bind_ ↵
       return_key=True)],

023            [sg.Multiline(key="text1", size=(60,10))]]

024    # 執行應用程式的處理

025    window = sg.Window(title, layout, font=(None,14))

026    while True:

027        event, values = window.read()

028        if event == None:

029            break

030        if event == " 執行 ":

031            execute()

032    window.close()
```

執行這個程式之後，會顯示圖 3.30 的應用程式。

図3.30 範本 input1.pyw

要利用這個範本製作自訂應用程式的時候，只需要修正範本上半部屬於程式 3.9 的部分，不需要修正範本的下半部。

程式3.9　　修正部分

```
#-------------------vvv

    這個部分

#-------------------^^^


#【1.import 函式庫】

#【2. 設定於應用程式顯示的字串】

#【3. 函數主體】

#【4. 執行函數的部分】
```

不過有些處理無法利用這個範本撰寫，比方說，輸入欄位的個數有可能不一樣，或者是需要選取檔案或資料夾。

因此本書設計了幾款範本，建議大家參考圖 3.31 至圖 3.41 的範本，藉此製作各種應用程式。

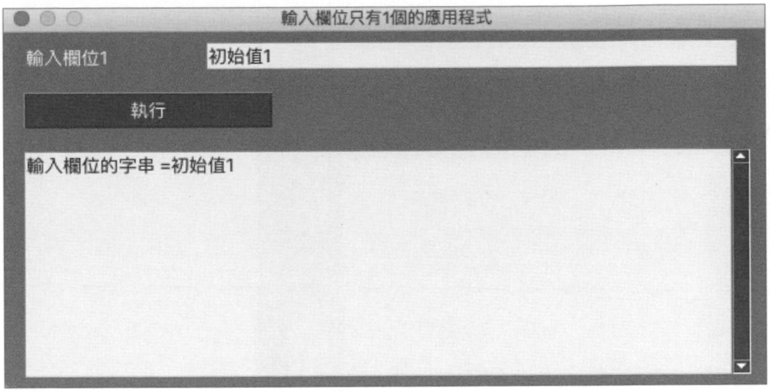

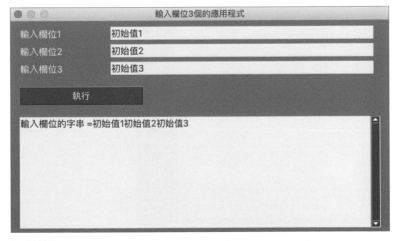

圖 3.31 輸入欄位只有 1 個的範本（範本 input1.pyw）

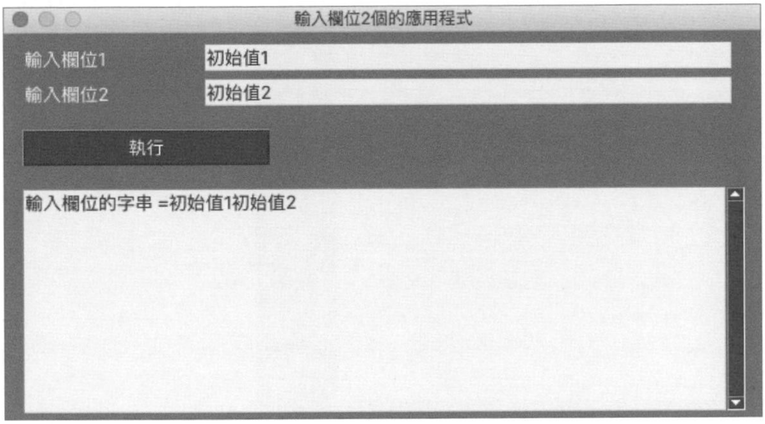

圖 3.32 輸入欄位只有 2 個的範本（範本 input2.pyw）

圖 3.33 輸入欄位只有 3 個的範本（範本 input3.pyw）

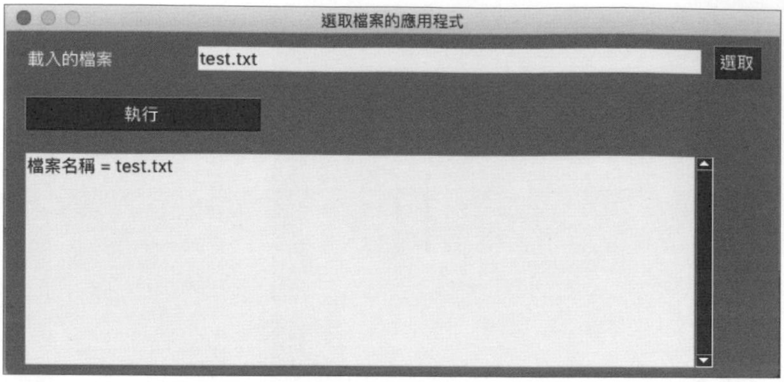

圖 3.34 只選取檔案的範本（範本 file.pyw）

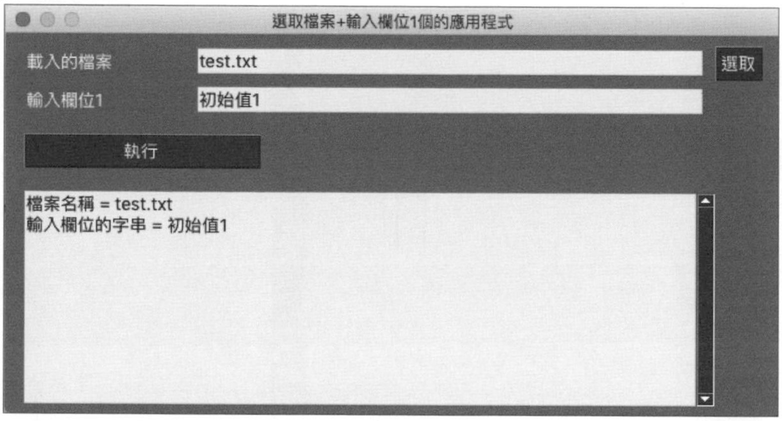

圖 3.35 選取檔案與 1 個輸入欄位的範本（範本 file_input1.pyw）

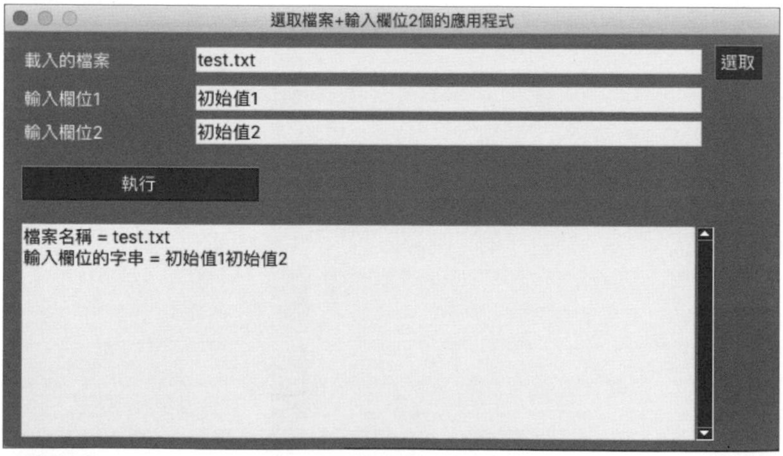

圖 3.36 選取檔案與 2 個輸入欄位的範本（範本 file_input2.pyw）

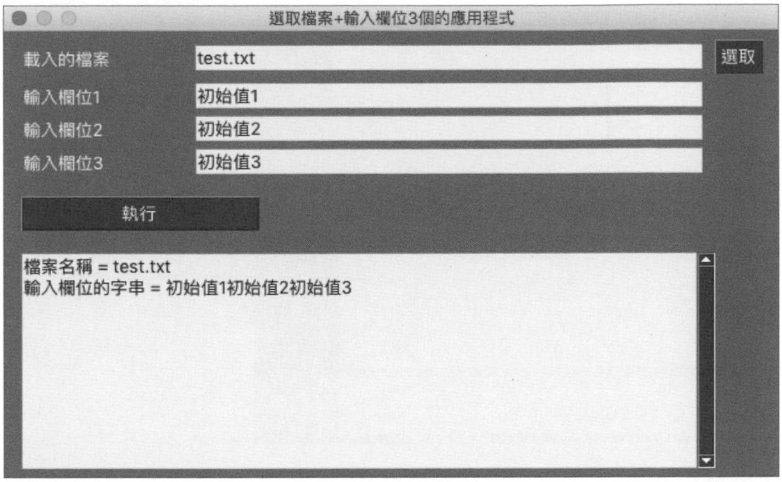

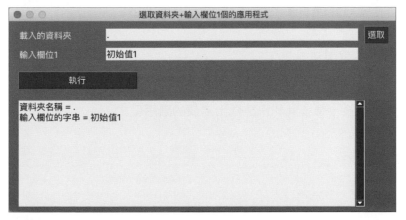

圖3.37 選取檔案與 3 個輸入欄位的範本（範本 file_input3.pyw）

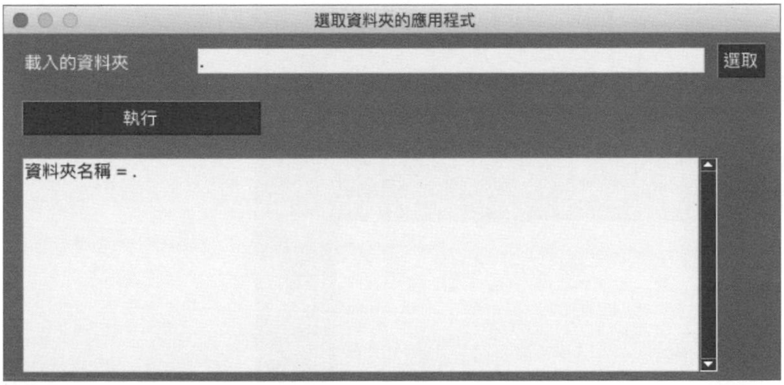

圖3.38 只選取資料夾的範本（範本 folder.pyw）

圖3.39 選取資料夾與 1 個輸入欄位的範本（範本 folder_input1.pyw）

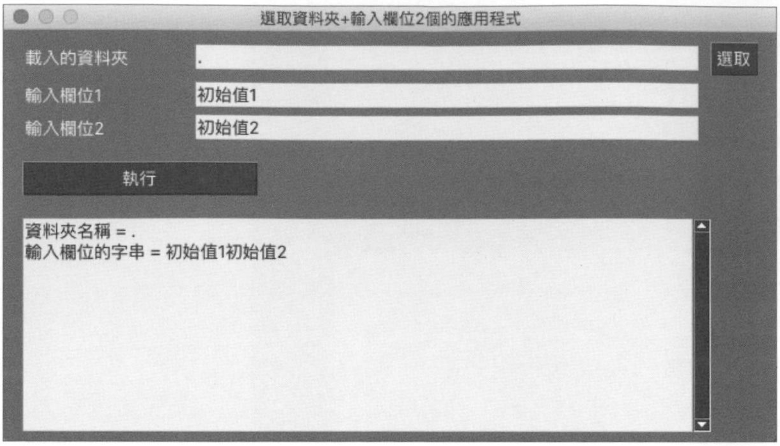

圖3.40 選取資料夾與 2 個輸入欄位的範本（範本 folder_input2.pyw）

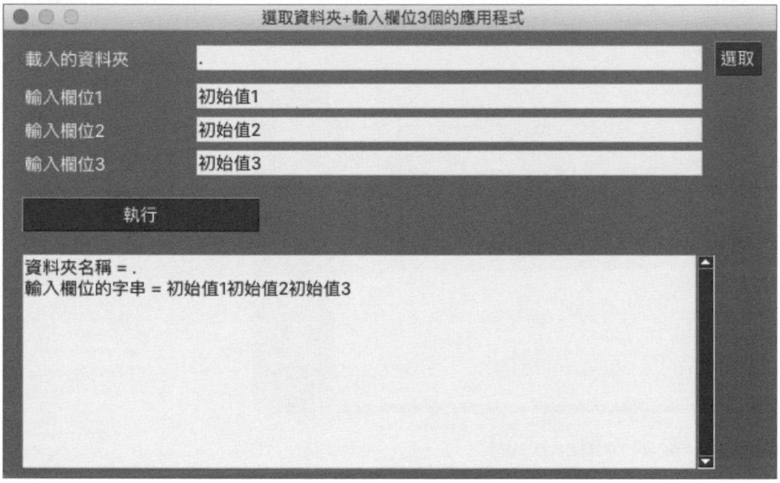

圖3.41 選取資料夾與 3 個輸入欄位的範本（範本 folder_input3.pyw）

只要有這些範本，總有一天會用到。

這些範本的範例程式可見附錄的 PDF。此外，也為大家準備了範例檔案，可直接**從 P.10 的 URL 下載**。下載之後，應該就能快速做出需要的應用程式。

讓函數與應用程式範本合併

使用上述這些範本以及自訂函數，就能像是**利用套件**的方式製作應用程式。讓我們試著建立自訂函數，再將函數轉換成應用程式吧。

這次要製作的是「**擲出 1～最大值骰子的自訂函數**」（程式 3.10）。此時要先製作「**以字串傳遞最大值，再以字串傳回結果的函數**」。

程式3.10	chap3/dice.py

```
001   import random
002
003   value1 = "10"
004
005   def dice(value1):
006       max = int(value1)
007       r = random.randint(1, max)
008       return str(r)
009
010   msg = dice(value1)
011   print(msg)
```

第 3 行程式碼以字串指定了最大值，再指定給變數 value1。之所以是字串，是因為來自輸入欄位的資料是字串。**第 5～8 行程式碼**是擲骰子的函數。**第 6 行程式碼**則是將輸入的值轉換成整數，再存入變數 max。**第 7 行程式碼**是從 1～max 之中，隨機取得整數。

第 8 行程式碼是將取得的整數轉換成字串，當成傳回值傳回。**第 10 行程式碼**是呼叫擲骰子函數的部分。此時的傳回值會存入變數 msg。**第 11 行程式碼**會顯示函數的執行結果。

執行結果
7
9
3

如此一來，「**擲出 1～最大值骰子的自訂函數**」程式就完成了。接著讓我們試著將這個程式整理成應用程式。這個程式是在變數 value1 輸入「最大值」之後再執行。

讓我們修正剛剛的「**1 個輸入欄位的應用程式『範本 input1.pyw』**」，試著將這個程式轉換成應用程式（圖 3.42）。

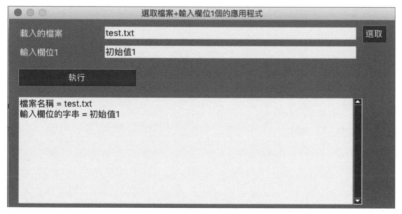

圖 3.42 要使用的範本：範本 input1.pyw

接著，要將剛剛的 dice.py 程式碼嵌入範本，將程式整理成應用程式（圖 3.43）。

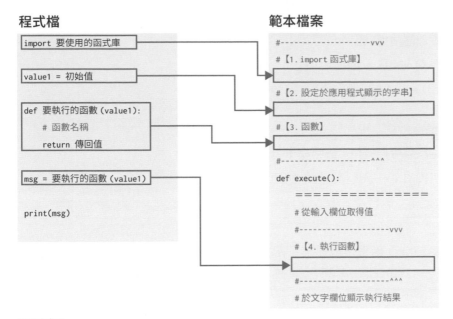

程式檔

```
import 要使用的函式庫

value1 = 初始值

def 要執行的函數 (value1):
    # 函數名稱
    return 傳回值

msg = 要執行的函數 (value1)

print(msg)
```

範本檔案

```
#------------------vvv
# 【1. import 函式庫】


# 【2. 設定於應用程式顯示的字串】


# 【3. 函數】

#------------------^^^

def execute():
    ===============
    # 從輸入欄位取得值
    #------------------vvv
    # 【4. 執行函數】

    #------------------^^^
    # 於文字欄位顯示執行結果
```

圖 3.43 將函數嵌入範本

將函數嵌入範本的步驟如下。

❶ 複製檔案「範本 input1.pyw」，再將複製的檔案更名為「dice.pyw」。

接下來要複製與修正「dice.py」的程式碼。啟動 IDLE 之後，從選單點選「File」
→「Open…」開啟 dice.pyw。

❷ 追加新增的函式庫。

在 #【1. import 函式庫】的底下新增 import 句（程式 3.11）。

程式 3.11 修正範本：1

```
001   #【1.import 函式庫】

002   import random
```

❸ 修正顯示的內容與參數。

title 為應用程式的標題、label1 為輸入欄位的説明、value1 為輸入欄位的初始值
（程式 3.12、程式 3.13）。

```
001  #【2. 設定於應用程式顯示的字串】
002  title = " 輸入欄位 1 個的應用程式 "
003  label1,value1 =" 輸入欄位 1"," 初始值 1"
```

程式3.13　　變更後

```
001  #【2. 設定於應用程式顯示的字串】
002  title = " 擲出 1 ～最大值骰子的應用程式 "
003  label1, value1 = " 最大值 ", "10"
```

❹ 將範本的 testfunc() 函數換成擲骰子函數（dice）（程式 3.14、程式 3.15）。

程式3.14　　變更前

```
001  #【3. 函數】
002  def testfunc(word1):
003      return " 輸入欄位的字串 =" + word1
```

程式3.15　　變更後

```
001  #【3. 函數：擲出 1 ～最大值骰子的函數】
002  def dice(value1):
003      max = int(value1)
004      r = random.randint(1, max)
005      return str(r)
```

❺ 修正執行函數的部分（程式 3.16、程式 3.17）

程式3.16　　變更前

```
001      #【4. 執行函數】
002      msg = testfunc(value1)
```

程式 3.17	變更後
001	#【4. 執行函數】
002	msg = dice(value1)

如此一來,函數就轉換成應用程式(dice.pyw)。

可透過下列的步驟執行這個應用程式。

① 在「最大值」輸入骰子的最大值。

② 每點選一次「執行」按鈕,都會顯示擲骰子的結果(圖 3.44)。

圖 3.44 執行結果

如此一來,就成功地將**自訂函數**轉換成應用程式了,接下來要利用這個架構,製作執行各種處理的程式。

Chapter

4

檔案操作

Recipe
1
Chapter 4

操作檔案與資料夾

■ pathlib 函式庫

要操作電腦的檔案或是資料夾，可使用標準函式庫 pathlib。

只要輸入「import pathlib」就可以使用這個函式庫，但如果寫成「from pathlib import Path」會更方便使用（語法 4.1）。這個是**只從 pathlib 載入 Path 的語法**，而在大多數的情況之下，只需要使用 Path() 這個命令。

語法4.1　　只載入 pathlib 的 Path

```
from pathlib import Path
```

■ 取得檔案

接著，讓我們一起了解 Path 的基本使用方法。首先要將檔案或是資料夾轉換成「**物件（Pathon 可操作的格式）**」，再將物件放入變數。這個語法為「**變數 Path（檔案路徑名稱）**」（語法 4.2）。之後，就能從這個物件取得各種資訊（表 4.1）。

語法4.2　　將檔案轉換成物件

```
p = Path( 檔案路徑名稱 )
```

表4.1 取得檔案的資訊

內容	命令
檔案路徑	str(p)
檔案名稱	p.name
副檔名	p.suffix
副檔名以外的資訊	p.stem
資料夾名稱	p.parent.name
檔案大小（位元組）	p.stat().st_size

讓我們使用上述這些命令撰寫**「取得檔案資訊程式」**吧（程式 4.1）。

首先要建立**測試專用檔案**（只用來測試，所以什麼檔案都可以）。也可以從 P.10 的 URL 下載範例檔，使用 chap4/test1.txt **這個檔案**。

如果要使用自己準備的檔案，必須調整程式 4.1 的**第 3 行程式碼**檔案名稱。用來載入這個檔案的程式為程式 4.1。

透過程式載入檔案的時候，會以這個**程式檔案所在的資料夾為基準**，尋找要載入的檔案，所以 test4_1.py 與 test1.txt **必須位於相同的資料夾**。

程式 4.1　　chap4/test4_1.py

```
001   from pathlib import Path
002
003   filepath = "test1.txt"
004   p = Path(filepath)
005   print(" 檔案路徑      = " + str(p))
006   print(" 檔案名稱      = " + p.name)
007   print(" 檔案副檔名    = " + p.suffix)
008   print(" 檔案副檔名以外 = " + p.stem)
009   print(" 資料夾名稱    = " + p.parent.name)
010   print(" 檔案大小      = " + str(p.stat().st_size) + " 位元組 ")
```

第 1 行程式碼載入了 pathlib 函式庫的 Path，接著在**第 3 ～ 4 行程式碼**將「test1. txt 這個檔案」轉換成物件，再將這個物件放入變數 p，最後再於**第 5 ～ 10 行程式碼**取得與顯示檔案的各種資訊。

執行程式之後，會顯示檔案的各種資訊。

執行結果	
檔案路徑	= test1.txt
檔案名稱	= test1.txt
檔案副檔名	= .txt
檔案副檔名以外	= test1
資料夾名稱	=
檔案大小	= 7 位元組

建立資料夾

也可以進行有關資料夾的操作。資料夾與檔案一樣，可利用「**變數 = Path（資料夾名稱）**」的命令，將資料夾轉換成物件（語法 4.3）。

語法4.3   將資料夾轉換成物件

```
p = Path( 資料夾名稱 )
```

也可以在資料夾新增資料夾，只需要使用語法 4.4 的命令。

語法4.4   在資料夾建立資料夾

```
p = Path( 資料夾名稱 )
p = p.joinpath( 子資料夾名稱 )
p.mkdir(exist_ok=True)
```

第一步先利用 Path() 命令將資料夾轉換成物件，再利用 joinpath() **命令**，在這個資料夾以「新資料夾名稱」新增資料夾。在這個狀態下執行 mkdir() **命令**就能新增資料夾。

不過在新增資料夾的時候，有可能已經有相同名稱的資料夾存在，因此會發生錯誤，但只要指定「exist_ok=True」，就能以「不需要新增資料夾」的設定忽略這個錯誤。

讓我們試著在**「程式檔案的資料夾新增 newfolder 資料夾的程式」**吧（程式 4.2）。

程式4.2　chap4/test4_2.py

```
001  from pathlib import Path
002
003  p = Path(".")
004  p = p.joinpath("newfolder")
005  p.mkdir(exist_ok=True)
```

執行這個程式之後，就會在程式檔案的資料夾新增「newfolder」這個資料夾（圖 4.1）。

圖4.1　執行結果

取得檔案列表

Path 也能**「取得資料夾的檔案列表」**，相關的命令為 glob（副檔名）或 rglob（副檔名）。

不管是 glob（副檔名）還是 rglob（副檔名），都可**「根據指定的副檔名取得檔案列表」**。

兩者的差異在於 glob（副檔名）只能取得「**指定資料夾之內的檔案列表**」，而 rglob（副檔名）則可取得「**指定資料夾與下層所有資料夾的檔案列表**」。

首先讓我們試著使用 glob（**副檔名**）這個語法（語法 4.5）。這個語法只能取得資料之中的所有檔案，無法取得下層資料夾的檔案。與 for 句搭配，可取得每個檔案的檔案名稱（圖 4.2）。

語法4.5 只顯示指定資料夾之中的檔案列表

```
for p in Path( 資料夾名稱 ).glob( 副檔名 ):
    print(str(p))
```

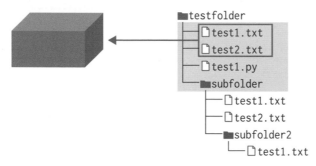

圖4.2 利用 glob 取得檔案名稱

接著讓我們試著使用 rglob（**副檔名**）（語法 4.6）。這是當資料夾之中有子資料夾時，可以連子資料夾的檔案也一併取得的語法（圖 4.3）。

語法4.6 顯示指定資料夾與所有子資料夾的檔案列表

```
for p in Path( 資料夾名稱 ).rglob( 副檔名 ):
    print(str(p))
```

```
Path("testfolder").rglob("*.txt")
```

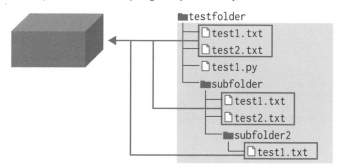

圖4.3 利用 rglob 取得檔案名稱

雖然 glob() 或 rglob() 是很方便的命令，但可惜的是，傳回來的列表「是亂七八糟的順序」，若不經過整理，恐怕很難閱讀，所以讓我們重新排序一遍。使用 sorted() 命令就能替列表重新排序（語法 4.7）。

語法4.7 替列表重新排序

```
變數 = sorted( 列表 )
```

接著讓我們利用 glob() 或 rglob() 命令撰寫「**取得指定資料夾的檔案列表**」程式。

第一步要先如**圖 4.4 所示的結構，建立測試專用資料夾**（testfolder）（只是用於測試，所以結構不需要完全一致），也可直接從 P.10 的網址下載範例檔。請使用 chap4/testfolder 這個資料夾。

圖4.4 資料夾結構

```
[testfolder]
├ test1.txt
├ test2.txt
├ test1.py
└ [subfolder]
```

```
├ test1.txt
└ test2.txt
└ [subfolder2]
    └ test1.txt
```

首先要撰寫的是利用 glob() 命令取得「**指定資料夾的檔案列表程式**」（程式 4.3）。

程式 4.3	chap4/test4_3.py

```
001   from pathlib import Path
002
003   infolder = "testfolder"
004   ext = "*.txt"
005   filelist = []
006   for p in Path(infolder).glob(ext):——— 將這個資料夾的檔案
007       filelist.append(str(p))——————— 新增至列表
008   for filename in sorted(filelist):——— 再替每個檔案排序
009       print(filename)
```

第 1 行程式碼先載入了 pathlib 函式庫的 Path，**第 3 行程式碼**將「要載入的資料夾名單」放入變數 infolder。這個程式會建立「○○ .txt」的列表，所以在**第 4 行程式碼**將檔案的副檔名放入變數 ext。

第 5 行程式碼則是為了以列表方式取得找到檔案的檔案名稱，所以建立了空白的列表。**第 6 ～ 7 行程式碼**則是將資料夾之內的檔案名稱逐次新增至 filelist（圖 4.5）。**第 8 ～ 9 行程式碼**則是替 filelist 的元素重新排序，再顯示排序之後的檔案。

執行這個程式之後，只會顯示指定資料夾之中的所有檔案，但不會顯示子資料夾之內的檔案。

執行結果

testfolder/test1.txt
testfolder/test2.txt

※ macOS 或 Unix 的檔案路徑間隔字元爲斜線（/），本書也使用斜線做爲間隔字元。

Path("testfolder").glob("*.txt")

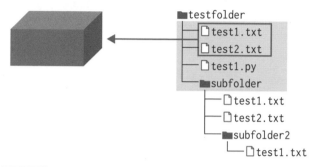

圖4.5 使用 glob 取得檔案名稱

接著是利用 rglob() 命令撰寫「指定資料夾與子資料夾的所有檔案」程式（程式 4.4）。

程式4.4　chap4/test4_4.py

```
001  from pathlib import Path
002
003  infolder = "testfolder"
004  ext = "*.txt"
005  filelist = []
006  for p in Path(infolder).rglob(ext):     將這個資料夾以及子資料夾的所有檔案
007      filelist.append(str(p))             新增至列表
008  for filename in sorted(filelist):       再替每個檔案排序
009      print(filename)
```

4

檔案操作

第 1 ～ 5 行程式碼的內容與程式 4.3 相同。**第 6 行程式碼**為了取得指定資料夾以及下層子資料夾的檔案,將命令變更為「rglob」(圖 4.6)。**第 7 ～ 9 行的程式碼**與程式 4.3 相同。

執行這個程式之後,會顯示指定資料夾與子資料夾的所有檔案。

執行結果

```
testfolder/subfolder/subfolder2/test1.txt

testfolder/subfolder/test1.txt

testfolder/subfolder/test2.txt

testfolder/test1.txt

testfolder/test2.txt
```

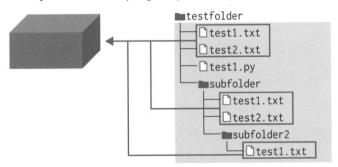

圖4.6 利用 rglob 取得檔案名稱

接著,讓我們根據上述的內容,解決與檔案有關的問題吧。

顯示檔案列表：
show_filelist

Recipe **2** Chapter 4

想解決這種問題！

檔案有很多，所以想記住所有檔案的名稱，但是子資料夾也有檔案，所以很難達成這個目題。

這種問題就透過程式解決吧。

有什麼方法可以解決呢？

要解決某個問題時，該根據何種邏輯撰寫程式呢？

如果讓電腦幫你執行例行公事，會有什麼好處呢？應該先從這個部分開始思考。這個問題大致可得到下列的答案。

① 你告訴電腦要取得的資料夾。

② 電腦將這個資料夾的所有文字檔案整理成一張列表。

接著，讓我們從電腦的立場思考這個問題。從電腦的角度來看，大致可透過下列兩個處理解決問題（圖 4.7）。

① 取得資料夾以及子資料夾的所有文字檔案的名稱。

② 顯示所有檔案的名稱。

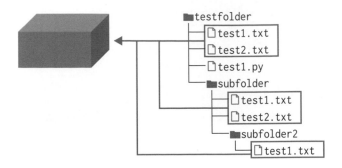

圖 4.7 取得檔案名稱

解決問題所需的命令？

既然已經知道要解決什麼問題，接著就是思考解決問題需要使用哪些命令。

①「取得資料夾以及子資料夾的所有文字檔案名稱」可使用 rglob() 命令達成。只要在取得檔案之後，顯示檔案名稱的列表，就能達成②「顯示所有檔案名稱」。

撰寫程式吧！

讓我們利用以 rglob 命令撰寫的程式（程式 4.4），撰寫**「取得指定資料夾與子資料夾的文字檔案，再顯示這些檔案名稱的程式」**吧。

這時候不只是依照要執行的步驟撰寫程式，還要將這些步驟整理成「函數」（圖 4.8），將程式寫成「呼叫函數就執行處理」的格式。這次會將函數命名為 listfiles。此外，為了利用參數得到不同的執行結果，還要替函數設定參數。

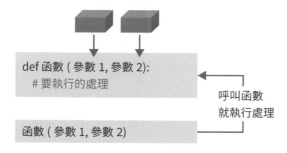

圖4.8 只要呼叫函數就能執行處理的程式

讓我們將程式改造成可隨意指定「**要取得資料的資料夾**」吧。為此，必須替「要取得的資料夾名稱」建立參數。

此外，除了「文字檔案（.txt）」之外，有時候也會需要取得「Excel 檔案（.xlsx）」、「圖片檔（.png）」或「Python 檔案（.py）」這類檔案的列表，所以可替「**檔案的副檔名**」建立參數。

換言之，只要輸入「**資料夾名稱**」與「**檔案的副檔名**」，這類資料就會以參數的方式傳入函數，也就能寫出「**取得特定資料夾與子資料夾的檔案**」函數了（程式4.5）。

程式4.5	chap4/show_filelist.py

```
001  from pathlib import Path
002
003  infolder = "testfolder"
004  value1 = "*.txt"
005
006  #【函數：建立檔案列表】
007  def listfiles(infolder, ext):
008      msg = ""
009      filelist = []
010      for p in Path(infolder).rglob(ext):────── 將這個資料夾以及子資料夾的所有檔案
011          filelist.append(str(p))────────── 新增至列表
012      for filename in sorted(filelist):────── 再替每個檔案排序
```

```
013          msg += filename + "\n"
014      msg = " 檔案個數 = " + str(len(filelist)) + "\n" + msg
015      return msg
016
017  #【執行函數】
018  msg = listfiles(infolder, value1)
019  print(msg)
```

第 1 行程式碼載入了 pathlib 函式庫的 Path。**第 3 ～ 4 行程式碼**將「要載入的資料夾名稱」存入變數 infolder，再將「要取得的檔案的副檔名」存入變數 value1。

第 7 ～ 15 行程式碼建立了「製作檔案列表的函數（listfiles）。**第 8 行程式碼**宣告了存放最終檔案列表的變數 msg，**第 9 行程式碼**則建立了存放臨時檔案列表的變數 filelist。

第 10 ～ 11 行程式碼將特定資料夾與子資料夾的檔案名稱全部存入 filelist。**第 12 ～ 13 行程式碼**則是讓每個檔案名稱重新排序，再予以換行顯示。**第 14 ～ 15 行 程式碼**將檔案的個數存入 msg，再透過函數傳回。**第 18 ～ 19 行程式碼**則是執行函數再顯示傳回值。

執行這個程式之後，就會顯示資料夾之中的所有文字檔。

執行結果
檔案個數 = 5
/Volumes/ 共用 /chap4/testfolder/subfolder/subfolder2/test1.txt
/Volumes/ 共用 /chap4/testfolder/subfolder/test1.txt
/Volumes/ 共用 /chap4/testfolder/subfolder/test2.txt
/Volumes/ 共用 /chap4/testfolder/test1.txt
/Volumes/ 共用 /chap4/testfolder/test2.txt

讓我們試著改寫**第 3 ～ 4 程式碼**的「infolder」與「value1」的值。這個步驟可取得各種檔案的列表。

轉換成應用程式！

接著讓我們將這個 show_filelist.py 轉換成應用程式。

show_filelist.py 會在選取「資料夾名稱」與輸入「檔案的副檔名」之後執行。修正第 3 章介紹的「**選取資料夾 +1 個輸入欄位的應用程式（範本 folder_input1. pyw）**」，就能做出這個程式（圖 4.9、圖 4.10、圖 4.11）。

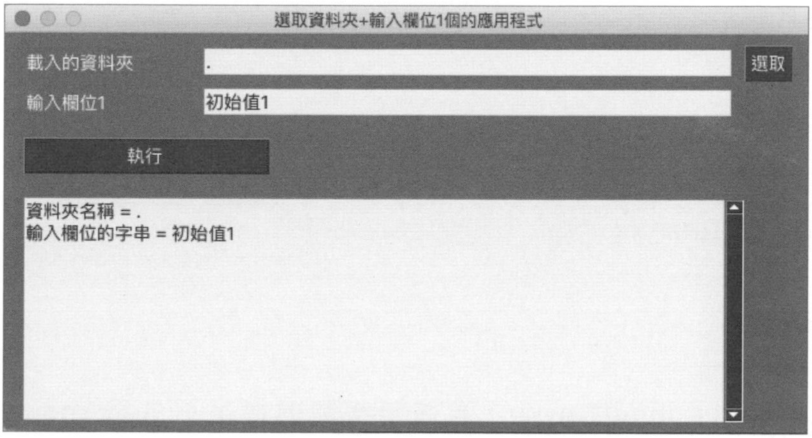

圖4.9 使用的範本：範本 folder_input1.pyw

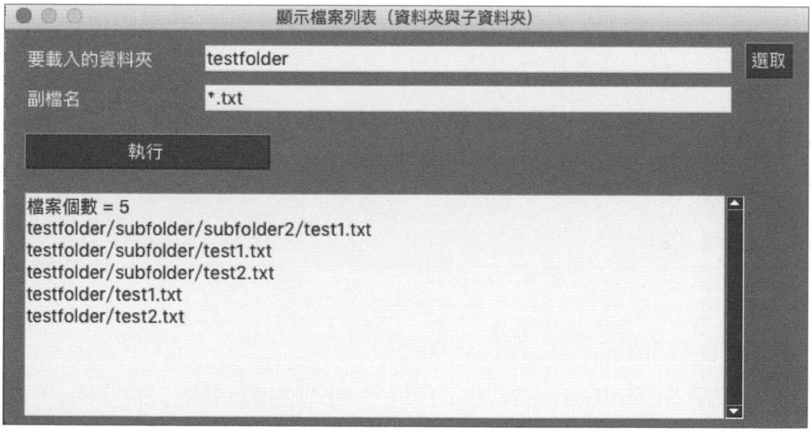

圖4.10 應用程式的完成圖

程式碼檔案　　　　　　　　　　　　　　　　**範本檔案**

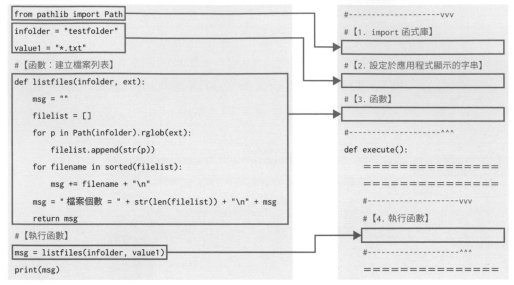

圖4.11 將程式碼嵌入範本

❶ 複製檔案「範本 folder_input1.pyw」，再將新複製的檔案更名為「show_ filelist.pyw」。

接下來要修正在「show_filelist.py」執行的程式。

❷ 新增要使用的函式庫（程式 4.6）。

程式4.6	修正範本：1

```
001    #【1.import 函式庫】
002    from pathlib import Path
```

❸ 修正顯示的內容與參數

為了可在任何的環境下使用，infolder 先存放了代表「目前的資料夾」的「.」（程式 4.7）。

只要這樣做，**就可以將這個 pyw 檔案放到要取得資訊的資料夾，再雙點執行這個 pyw 檔案**，取得資料夾的所有檔案。

　修正範本：2

```
001    #【2. 設定於應用程式顯示的字串】
002    title = " 顯示檔案列表（資料夾與子資料夾）"
003    infolder = "."
004    label1, value1 = " 副檔名 ", "*.txt"
```

❹ 替換函數（程式 4.8）。

程式 4.8　**修正範本：3**

```
001    #【3. 函數：建立檔案列表】
002    def listfiles(infolder, ext):
003        msg = ""
004        filelist = []
005        for p in Path(infolder).rglob(ext):————將這個資料夾以及子資料夾的所有檔案
006            filelist.append(str(p))————————新增至列表
007        for filename in sorted(filelist):———再替每個檔案排序
008            msg += filename + "\n"
009        msg = " 檔案個數 = " + str(len(filelist)) + "\n" + msg
010        return msg
```

❺ 執行函數（程式 4.9）。

程式 4.9　**修正範本：4**

```
001    #【4. 執行函數】
002    msg = listfiles(infolder, value1)
```

如此一來就大功告成了（show_filelist.pyw）。

4

檔
案
操
作

這個應用程式可透過下列的步驟使用。

① 點選「選取」，選擇「要載入的資料夾」（不選取的話，會取得程式碼檔案的資料夾以及子資料的所有檔案）。

② 點選「執行」就會顯示剛剛選取的資料夾以及子資料夾的所有檔案。

③ 變更「副檔名」的內容，就能顯示該副檔名的所有檔案（圖 4.12）。

圖 4.12 執行結果

※ 點選「選取」再選取「要載入的資料夾」之後，會顯示「絕對路徑」這種結果。如果直接在「要載入的資料夾」輸入資料夾名稱，就會顯示「相對路徑」。

取得檔案列表囉！

顯示檔案容量總和：
show_filesize

想解決這種問題！

手邊有很多大檔案，但很難知道這些檔案總共有多大。

有什麼方法可以解決呢？

如果讓電腦幫你執行這些例行公事，有什麼好處呢？應該先從這個部分開始思考。這個問題大致可得到下列的答案。

① 你告訴電腦要取得的資料夾。

② 電腦以簡單清楚的格式，顯示這個資料夾所有檔案的檔案容量與檔案容量總和。

接著讓我們從電腦的立場思考這個問題。從電腦的角度來看，大致可透過下列四個處理解決問題（圖 4.13）。

① 取得特定資料夾與子資料夾的所有檔案名稱。

② 取得與顯示每個檔案的檔案容量。

③ 顯示檔案容量總和。

④ 以容易理解的單位顯示檔案容量（比方說將不容易閱讀的 123456 位元組轉換成 120KB）。

顯示檔案的檔案容量總和（資料夾與子資料）

要載入的資料夾　　testfolder　　　　　　　　　　　　　　　　　　選取

副檔名　　　　　　*

執行

檔案容量總和 = 32 KB
檔案個數 = 8
testfolder/subfolder : 16 KB
testfolder/subfolder/subfolder2 : 16 KB
testfolder/subfolder/subfolder2/test1.txt : 8 位元組
testfolder/subfolder/test1.txt : 8 位元組
testfolder/subfolder/test2.txt : 15 位元組
testfolder/test1.py : 15 位元組
testfolder/test1.txt : 7 位元組
testfolder/test2.txt : 15 位元組

圖 4.13 應用程式的完成圖

解決問題所需的命令？

接著讓我們一起想想，要解決這個問題需要使用哪些命令吧。

①「取得特定資料夾與子資料夾的所有檔案名稱」可使用 rglob() 命令完成。

其次，②「取得與顯示每個檔案的檔案容量」可利用 p.stat().st_size（表 4.1），
依序從檔案列表取得每個檔案的檔案容量。

接下來，③「顯示檔案容量總和」可先建立合計專用變數，再於取得每個檔案的檔
案容量之際，將檔案容量遞增至這個變數，藉此算出檔案容量總和。

第一步讓我們先試著利用上述的方法撰寫「**加總資料夾之中，所有檔案的檔案容
量**」程式（程式 4.10）。

程式 4.10　chap4/test4_5.py

```
001    from pathlib import Path

002

003    infolder = "testfolder"

004    ext = "*.txt"

005    allsize = 0

006    filelist = []
```

```
007    for p in Path(infolder).rglob(ext):──────── 將這個資料夾以及子資料夾的所有檔案

008        filelist.append(str(p))──────────────── 新增至列表

009    for filename in sorted(filelist):────────── 再替每個檔案排序

010        size = Path(filename).stat().st_size

011        print(filename + " = " + str(size) + " 位元組 ")

012        allsize += size

013    print("allsize = " + str(allsize) + " 位元組 ")
```

第 5 行程式碼宣告了合計專用變數 allsize，再以「0」做為初始值。**第 6 ～ 8 行程式碼**則將資料夾與子資料夾的所有檔案放入 filelist。

第 9 ～ 12 行程式碼則是取得每個檔案的檔案容量，再遞增至變數 allsize。**第 13 行程式碼**則顯示檔案容量總和。

執行這個程式之後，會顯示資料夾之中的每個檔案的檔案容量與檔案容量總和。

> **執行結果**
>
> ```
> testfolder/subfolder/subfolder2/test1.txt = 8 位元組
>
> testfolder/subfolder/test1.txt = 8 位元組
>
> testfolder/subfolder/test2.txt = 15 位元組
>
> testfolder/test1.txt = 7 位元組
>
> testfolder/test2.txt = 15 位元組
>
> allsize = 53 位元組
> ```

最後要介紹的是④「以容易理解的單位顯示檔案容量」的方法。這個範例的檔案容量都只有「53 位元組」而已，所以不太需要轉換單位，但如果是「123456 位元組」這種檔案容量，就必須轉換成「120KB」這種單位，才會比較容易閱讀，不過 Python 沒有這種函數，所以必須建立自訂函數（程式 4.11）。

「自訂函數」其實不難，只要按部就班就能完成。由於檔案容量是每 1024 往上進一位，而且會依照「位元組→ KB → MB → GB → TB」的單位進位（電腦的位元組是以 1024 為單位，而非以 1000 為單位）。

如果數值超過 1024 就以 1024 除之，然後往上進一個單位；如果往上進一個單位之後，數值還是大於 1024，就繼續往上進一個單位。重覆這個步驟，直到數值小於 1024 之後，就會得到方便閱讀的單位。讓我們利用這個方法撰寫**「將檔案容量轉換成方便閱讀的函數」**吧。函數名稱為 human_size。

程式4.11	chap4/test4_6.py

```python
001  def human_size(size):
002      units = [" 位元組 ","KB","MB","GB","TB","PB","EB"]
003      n = 0
004      while size > 1024:
005          size = size / 1024.0
006          n += 1
007      return str(int(size)) + " " + units[n]
008
009  print(human_size(123))
010  print(human_size(123456))
011  print(human_size(123456789))
012  print(human_size(123456789012))
```

第 2 行程式碼建立了每個單位的列表 units。單位分成 KB（Kilo Byte）、MB（Mega Byte）、GB（Giga Byte）、TB（Tera Byte），也還有更上面的單位，但不太實用，所以這個程式僅為了不時之需而設定到 PB（Peta Byte）與 EB（ExaByte）這兩個單位。

第 3 行程式碼則建立了代表目前單位的變數 n，並且以「0」為初始值。**第 4 ～ 6 行程式碼**則是不斷進行「數值大於等於 1024 就以 1024 除之，再往上進一個單位」的處理。

第 7 行程式碼則為了方便閱讀在「數字的整數部分」加上「單位」。**第 9 ～ 12 行程式碼**則是測試與顯示每個檔案容量的顯示結果。

執行結果
123 位元組
120 KB
117 MB
114 GB

執行之後，可發現數值都轉換成方便閱讀的單位了。

 撰寫程式吧！

我們已經完成「取得資料夾所有檔案的檔案容量與檔案容量總和的程式（程式 4.10）」，以及「將檔案容量轉換成方便閱讀的函數（程式 4.11）」。讓我們將這兩個程式合併成「**取得資料夾每個檔案的檔案容量與檔案容量總和，再以方便閱讀的單位顯示的程式**」（程式 4.12）。

程式 4.12　chap4/show_filesize.py

```
001   from pathlib import Path
002
003   infolder = "testfolder"
004   value1 = "*"
005
006   #【函數：以最佳單位傳回檔案容量】
007   def format_bytes(size):
008       units = [" 位元組 ","KB","MB","GB","TB","PB","EB"]
009       n = 0
010       while size > 1024:
```

```
011        size = size / 1024.0
012        n += 1
013    return str(int(size)) + " " + units[n]
014
015 #【函數：加總資料夾與子資料夾所有檔案的檔案容量】
016 def foldersize(infolder, ext):
017    msg = ""
018    allsize = 0
019    filelist = []
020    for p in Path(infolder).rglob(ext):————將這個資料夾以及子資料夾的所有檔案
021        if p.name[0] != ".":——————————沒有隱藏檔案的話
022            filelist.append(str(p))————新增至列表
023    for filename in sorted(filelist):————再替每個檔案排序
024        size = Path(filename).stat().st_size
025        msg += filename + " : "+format_bytes(size)+"\n"
026        allsize += size
027    filesize = " 檔案容量總和 = " + format_bytes(allsize) + "\n"
028    filesize += " 檔案個數 = " + str(len(filelist))+ "\n"
029    msg = filesize + msg
030    return msg
031
032 #【執行函數】
033 msg = foldersize(infolder, value1)
034 print(msg)
```

第 1 行程式碼載入了 pathlib 函式庫的 Path，**第 3 ～ 4 行程式碼**將「要載入的資料夾名稱」放入變數 infolder，再將「要取得的檔案的副檔名」存入變數 value1。為了取得所有的檔案，所以設定成 "*"。

第 7 ～ 13 行程式碼則是「將檔案含量轉換成方便閱讀」的函數（format_bytes）。第 16 ～ 30 行程式碼則是「取得資料夾之中所有檔案的檔案容量以及檔案容量總和」函數（foldersize）。

第 20 ～ 22 行程式碼則是將隱藏檔案之外的檔案存入列表 filelist。由於隱藏檔案的開頭會是「.」，所以利用 p.name[0]!="." 的語法確認檔案種類。

第 24 ～ 25 行程式碼是取得檔案容量，再將檔案名稱與檔案容量存入最終輸出結果的變數 msg。第 26 行程式碼是將檔案容量遞增至總和值。第 33 ～ 34 行程式碼則是執行函數與顯示傳回值。

執行這個程式之後，會顯示所有檔案的檔案容量以及檔案容量總和。

執行結果

```
檔案容量總和 = 32 KB
檔案個數 = 8
testfolder/subfolder : 16 KB
testfolder/subfolder/subfolder2 : 16 KB
testfolder/subfolder/subfolder2/test1.txt : 8 位元組
testfolder/subfolder/test1.txt : 8 位元組
testfolder/subfolder/test2.txt : 15 位元組
testfolder/test1.py : 15 位元組
testfolder/test1.txt : 7 位元組
testfolder/test2.txt : 15 位元組
```

試著改寫第 3 ～ 4 行程式碼的「infolder」與「value1」的值，就能取得各種檔案的檔案容量。

轉換成應用程式！

接著讓我們將這個 show_filesize.py 轉換成應用程式吧。

這個 show_filesize.py 會執行「選取資料夾名稱」與「輸入副檔名」這兩個處理。應該也可利用「**選取資料夾 +1 個輸入欄位的應用程式（範本 folder_input1. pyw）**」製作這個應用程式（圖 4.14、圖 4.15）。

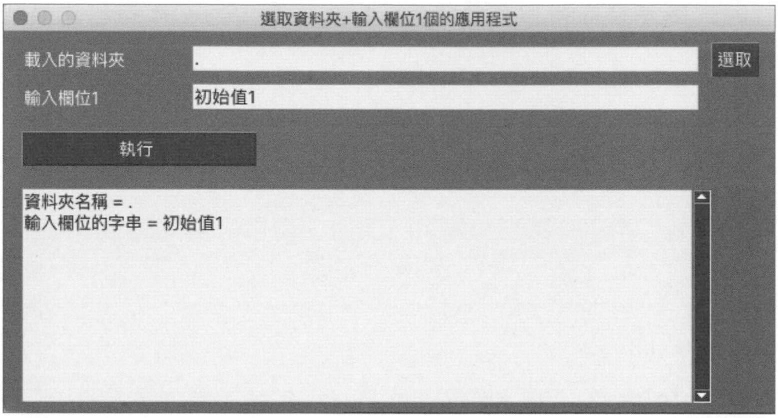

圖4.14 要使用的範本：範本 folder_input1.pyw

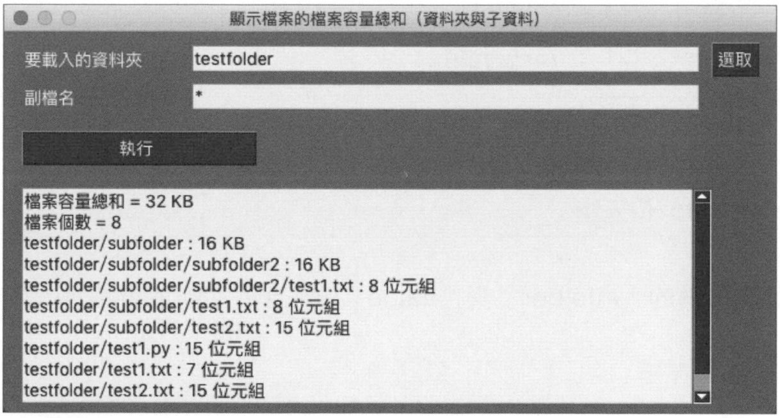

圖4.15 應用程式的完成圖

❶ 複製檔案「範本 folder_input1.pyw」，再將新複製的檔案更名為「show_filesize.pyw」。

接著要修正「show_filesize.py」的程式。

❷ 追加新增的函式庫（程式 4.13）。

程式 4.13	修正範本：1

```
001  #【1.import 函式庫】
002  from pathlib import Path
```

❸ 修正顯示的內容與參數（程式 4.14）。

為了方便在各種環境使用，先將代表「目前資料夾」的「.」放入 infolder。

程式 4.14	修正範本：2

```
001  #【2. 設定於應用程式顯示的字串】
002  title = " 顯示檔案的檔案容量總和（資料夾與子資料夾）"
003  infolder = "."
004  label1, value1 = " 副檔名 ", "*"
```

❹ 置換函數（程式 4.15）。

追加 format_bytes() 與 foldersize() 這兩個函數。

程式 4.15	修正範本：3

```
001  #【3. 函數：以最佳單位傳回檔案容量】
002  def format_bytes(size):
003      units = [" 位元組 ","KB","MB","GB","TB","PB","EB"]
004      n = 0
005      while size > 1024:
006          size = size / 1024.0
007          n += 1
008      return str(int(size)) + " " + units[n]
009  #【3. 函數：加總資料夾與子資料夾所有檔案的檔案容量】
010  def foldersize(infolder, ext):
011      msg = ""
```

```
012      allsize = 0
013      filelist = []
014      for p in Path(infolder).rglob(ext):───── 將這個資料夾以及子資料夾的所有檔案
015          if p.name[0] != ".":──────────── 沒有隱藏檔案的話
016              filelist.append(str(p))────── 新增至列表
017      for filename in sorted(filelist):───── 再替每個檔案排序
018          size = Path(filename).stat().st_size
019          msg += filename + " : "+format_bytes(size)+"\n"
020          allsize += size
021      filesize = " 檔案容量總和 = " + format_bytes(allsize) + "\n"
022      filesize += " 檔案個數 = " + str(len(filelist))+ "\n"
023      msg = filesize + msg
024      return msg
```

❺ 執行函數（程式 4.16）。

程式4.16　**修正範本：4**

```
001  #【4. 執行函數】
002  msg = foldersize(infolder, value1)
```

如此一來就大功告成了（show_filesize.pyw）。

這個應用程式可透過下列的步驟使用。

① 點選「選取」，選擇「要載入的資料夾」（不選取的話，會取得程式碼檔案的資料
夾以及子資料的所有檔案）。

② 點選「執行」，就會顯示剛剛選取的資料夾以及子資料夾的所有檔案的檔案容量
總和、檔案個數與檔案容量。

③ 變更「副檔名」的內容就能顯示該副檔名的所有檔案。

顯示檔案的檔案容量總和（資料夾與子資料）

要載入的資料夾　testfolder　　　　　　　　　　　　　　　選取

副檔名　　　　　*

執行

```
檔案容量總和 = 32 KB
檔案個數 = 8
testfolder/subfolder : 16 KB
testfolder/subfolder/subfolder2 : 16 KB
testfolder/subfolder/subfolder2/test1.txt : 8 位元組
testfolder/subfolder/test1.txt : 8 位元組
testfolder/subfolder/test2.txt : 15 位元組
testfolder/test1.py : 15 位元組
testfolder/test1.txt : 7 位元組
testfolder/test2.txt : 15 位元組
```

圖4.16 執行結果

取得檔案的檔案容量總和囉！

搜尋檔案名稱：
find_filename

Recipe
4
Chapter 4

想解決這種問題！

常不小心忘記檔案名稱！只記得「部分的檔案名稱」，但不記得完整的檔案名稱

有什麼方法可以解決呢？

如果讓電腦幫你執行那些例行公事，有什麼好處呢？應該先從這個部分開始思考。這個問題大致可得到下列的答案。

① 你提供部分的資料夾名稱或檔案名稱。

② 電腦在特定的資料夾尋找包含該字串的檔案名稱。

接著讓我們從電腦的立場思考這個問題。透過下列兩種處理可解決這個問題（圖4.17）。

① 取得特定資料夾與子資料夾的所有檔案名稱。

② 如果找到包含特定字串的檔案名稱，就顯示這個檔案名稱。

搜尋檔案名稱（資料夾與子資料夾）

要載入的資料夾	testfolder	選取
要搜尋的字串	test	

執行

```
檔案個數 = 6
testfolder/subfolder/subfolder2/test1.txt
testfolder/subfolder/test1.txt
testfolder/subfolder/test2.txt
testfolder/test1.py
testfolder/test1.txt
testfolder/test2.txt
```

圖 4.17 應用程式的完成圖

 解決問題所需的命令？

接著讓我們想想解決這個問題需要哪些命令。

① 「取得特定資料夾與子資料夾的所有檔案名稱」可使用 rglob() **命令**。

② 「如果找到包含特定字串的檔案名稱，就顯示這個檔案名稱」的部分，需要確認 **「字串之中是否具有特定字串」**這個問題。這個問題可使用**「字串 .count()」命令** 解決（語法 4.8）。由於會傳回找到的個數，所以只要找到超過 1 個以上的結果就 視為找到；如果找到 0 個，就視為沒找到。

語法 4.8 **在某個字串搜尋特定字串**

變數 = 字串 .count(要搜尋的字串)

接著讓我們試著撰寫**「搜尋字串的程式」**吧。這次要確認「abcde.txt」的字串之 中，有沒有「abc」或「xyz」這兩個特定字串（程式 4.17）。

```
001    text = "abcde.txt"
002    word1 = "abc"
003    word2 = "xyz"
004
005    count1 = text.count(word1)
006    print(word1, ":", count1, " 個 ")
007    count2 = text.count(word2)
008    print(word2, ":", count2, " 個 ")
```

第 1 行程式碼將「要確認的字串」放入變數 text，**第 2 ～ 3 行程式碼**則是將「要搜尋的字串」放入變數 word1 與 word2。

第 5 ～ 6 行程式碼則是確認有幾個 word1 再顯示結果。**第 7 ～ 8 行程式碼**則是確認有幾個 word2 再顯示結果。

執行程式之後，可以發現「abc」有 1 個，但是「xyz」為 0 個。

執行結果

```
abc : 1 個
xyz : 0 個
```

 撰寫程式吧！

接著要利用「取得特定資料夾與子資料夾的檔案列表」的程式（程式 4.4），與「搜尋字串的程式」（程式 4.17），組成「**從特定資料夾與子資料夾的所有檔案名稱搜尋特定字串的程式**」（程式 4.18）。

程式 4.18　chap4/find_filename.py

```
001    from pathlib import Path
002
```

```
003   infolder = "testfolder"

004   value1 = "test"

005

006   #【函數：確認在資料夾的檔案名稱是否包含特定字串】

007   def findfilename(infolder, findword):

008       cnt = 0

009       msg = ""

010       filelist = []

011       for p in Path(infolder).rglob("*.*"):————— 將這個資料夾以及子資料夾的所有
                                                      檔案

012           if p.name[0] != ".":————————————— 沒有隱藏檔案的話

013               filelist.append(str(p))————————— 新增至列表

014       for filename in sorted(filelist):——————— 再替每個檔案排序

015           if filename.count(findword) > 0:——— 如果找到 1 個以上的特定字串

016               msg += filename + "\n"

017               cnt += 1

018       msg = " 檔案個數 = " + str(cnt) + "\n" + msg

019       return msg

020

021   #【執行函數】

022   msg = findfilename(infolder, value1)

023   print(msg)
```

第 1 行程式碼從 pathlib 函式庫載入 Path，**第 3 ～ 4 行程式碼**將「要載入的資料夾的名稱」放入變數 infolder，以及將「要搜尋的字串」放入變數 value。**第 7 ～ 19 行程式碼**則是「在資料夾與子資料夾搜尋檔案名稱的函數（findfilename）」。

第 8 行程式碼先將 0 指定給計算檔案個數變數 cnt，接著**第 9 行程式碼**則宣告了用於存放在最後顯示的檔案列表的變數 msg。**第 10 行程式碼**則是宣告了存放臨時檔案列表的列表 filelist。

第 11 ～ 13 行程式碼會將指定的資料夾與子資料夾的檔案名稱放入 filelist，但不會放入開頭（第 0 個）為「.」的檔案名稱，因為這種檔案為隱藏檔案。

第 14 ～ 17 行程式碼則是先替檔案名稱排序，再逐次檢查這些檔案名稱。如果找到要搜尋的字串，就新增至變數 msg。**第 18 ～ 19 行**則是在找到檔案之後，讓檔案個數遞增，再由函數傳回這個結果。**第 22 ～ 23 行程式碼**則是執行函數與顯示傳回值。

執行這個程式之後，會顯示特定資料夾與子資料夾的檔案列表。

執行結果

```
檔案個數 = 6
testfolder/subfolder/subfolder2/test1.txt
testfolder/subfolder/test1.txt
testfolder/subfolder/test2.txt
testfolder/test1.py
testfolder/test1.txt
testfolder/test2.txt
```

 轉換成應用程式！

接著將這個 find_filename.py 轉換成應用程式。

這個 find_filename.py 會在選取「資料夾名稱」與輸入「副檔名」之後執行，所以應該也可利用**「選取資料夾 +1 個輸入欄位（範本 folder_input1.pyw）」**這個範本製作（圖 4.18、圖 4.19）。

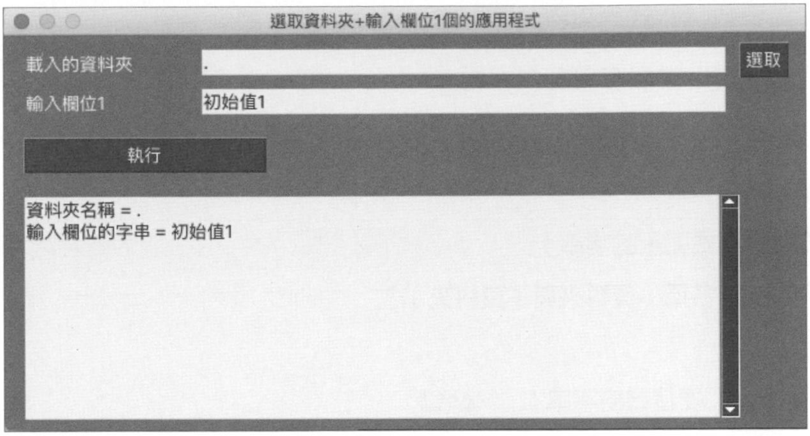

圖4.18 使用的範本：範本 folder_input1.pyw

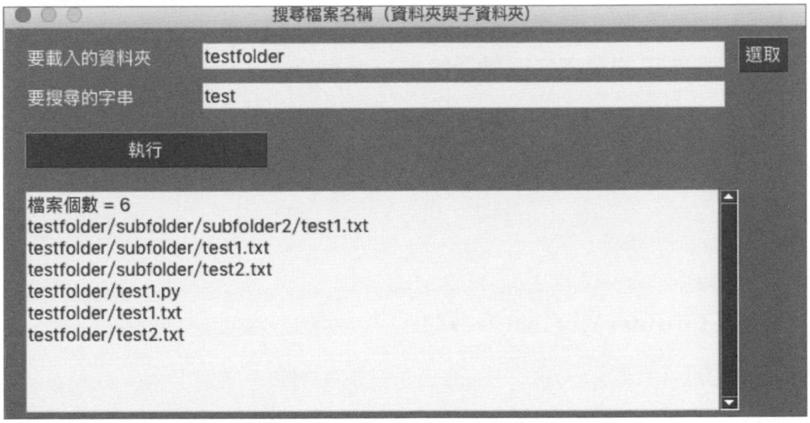

圖4.19 應用程式的完成圖

❶ 複製檔案「範本 folder_input1.pyw」，再將剛剛複製的檔案更名為「find_filename.pyw」。

接著要複製與修正「find_filename.py」程式

❷ 追加新增的函式庫（程式 4.19）。

程式 4.19	修正範本：1

```
001  #【1.import 函式庫】
002  from pathlib import Path
```

❸ 修正顯示的內容與參數（程式 4.20）。

為了方便在任何環境下使用這個應用程式，在 infolder 的部分放入代表「目前資料夾」的「.」。

程式4.20	修正範本：2

```
001  #【2. 設定於應用程式顯示的字串】
002  title = " 搜尋檔案名稱（資料夾與子資料夾）"
003  infolder = "."
004  label1, value1 = " 要搜尋的字串 ", "test"
```

❹ 置換函數（程式 4.21）。

程式4.21	修正範本：3

```
001  #【3. 函數：確認在資料夾的檔案名稱是否包含特定字串】
002  def findfilename(infolder, findword):
003      cnt = 0
004      msg = ""
005      filelist = []
006      for p in Path(infolder).rglob("*.*"):        將這個資料夾以及子資料夾的所有檔案
007          if p.name[0] != ".":                      沒有隱藏檔案的話
008              filelist.append(str(p))               新增至列表
009          for filename in sorted(filelist):         再替每個檔案排序
010              if filename.count(findword) > 0:       如果找到 1 個以上的特定字串
011                  msg += filename + "\n"
012                  cnt += 1
013      msg = " 檔案個數 = " + str(cnt) + "\n" + msg
014      return msg
```

❺ 執行函數（程式 4.22）。

程式4.22	修正範本：4

```
001  #【4. 執行函數】
002  msg = findfilename(infolder, value1)
```

如此一來就大功告成了（find_filename.pyw）。

這個應用程式可透過下列的步驟使用。

① 點選「選取」，選取「要載入的資料夾」（不選取的話，就會在這個程式檔案的資料夾搜尋）。

② 在「要搜尋的字串」輸入檔案名稱。

③ 點選「執行」按鈕，根據要搜尋的字串搜尋，若是發現指定資料夾與子資料夾的檔案名稱包含該字串，便顯示包含這些檔案的檔案列表（圖 4.20）。

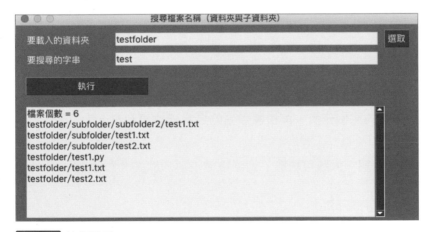

圖 4.20 執行結果

完成檔案搜尋囉！

利用名冊檔案建立資料夾：makefolders_csv

想解決這種問題！

> 我負責的班級有 100 位學生，爲了存放他們的作業，我得根據學生的名字一一建立資料夾，但手動建立資料夾的過程很麻煩。

有什麼方法可以解決呢？

如果讓電腦幫你執行那些例行公事，有什麼好處呢？應該先從這個部分開始思考。這個問題大致可得到下列的答案。

① 將名冊的 CSV 檔案交給電腦。

② 電腦可取得 CSV 檔案的每個元素，再根據學生的名字建立資料夾。

從電腦的立場思考這個問題，大致可透過下列兩種處理解決問題（圖 4.21）。

① 從名冊 CSV 檔案取得每個元素。

② 利用元素的名稱建立資料夾。

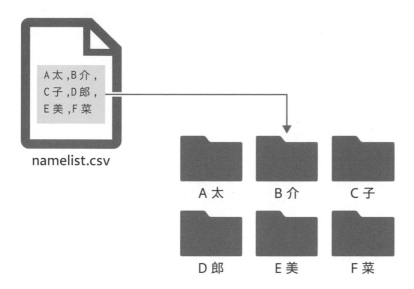

namelist.csv

A 太　B 介　C 子

D 郎　E 美　F 菜

圖4.21 根據名冊檔案建立資料夾

 解決問題所需的命令？

接著讓我們一起思考這個問題需要使用哪些命令解決。

①「將名冊的 CSV 檔案交給電腦」必須先開啟檔案。要開啟檔案可使用「**變數 =
Path（檔案路徑）.open（encoding="UTF-8"）**」的命令（語法 4.9）（會載入
UTF-8 編碼的 CSV 檔案）。

語法4.9　開啟檔案

```
f = Path( 檔案路徑名 ).open(encoding="UTF-8")
```

在載入 CSV 檔案的時候，可使用 Python 標準函式庫的 csv。

由於 csv 是標準函式庫，所以只需要以「**import csv**」的語法載入，就能取得 CSV
檔案的每個元素（語法 4.10）。

```
import csv

dataReader = csv.reader(f)

for row in dataReader:

    for value in row:

        print(value)
```

接著讓我們撰寫「**取得 CSV 檔案的每個元素**」程式。第一步要先建立 CSV 檔案（namelist.csv）。可利用文字編輯器製作，也能利用 Excel 輸出 CSV。

| 資料檔案 | chap4/namelist.csv |

```
A 太 ,B 介 ,C 子

D 郎 ,E 美 ,F 菜
```

程式 4.23 是載入這個 CSV 檔案的「**取得 CSV 檔案的每個元素程式**」。

| 程式 4.23 | chap4/test4_8.py |

```
001   from pathlib import Path

002   import csv

003

004   infile = "namelist.csv"

005   f = Path(infile).open(encoding="UTF-8")

006   dataReader = csv.reader(f)

007   for row in dataReader: ─────── 取得每一列資料

008       for value in row: ─────── 取得資料時,以逗號間隔

009           print(value)
```

第 2 行程式碼載入了 csv 函式庫。**第 4 行程式碼**將要載入的檔案名稱放入變數 infile。**第 5 行程式碼**開啟了這個檔案。**第 6 ～ 9 行程式碼**則從這個 CSV 檔案取得每個元素。

執行程式之後，會顯示 CSV 檔案的每個元素。

> **執行結果**
>
> A 太
>
> B 介
>
> C 子
>
> D 郎
>
> E 美
>
> F 菜

要注意的是，這次**要載入的是外部檔案**，如果要載入的外部檔案不存在或是損壞就會發生錯誤。如果無法載入檔案就會出現錯誤，程式也會停止執行。

比方說，故意將變數 infile 指定為「XXXXX.csv」這個不存在的檔案名稱（程式 4.24），再執行這個程式看看。

程式 4.24　程式修正（第 4 行）

```
001    infile = "XXXXX.csv"
```

一執行程式就會發生錯誤，程式也會中斷。

執行結果

```
FileNotFoundError: [Errno 2] No such file or directory: 'XXXXX.csv'
```

要避免程式因為這類錯誤而中斷，可使用「try ～ except」。若使用「try ～ except」就能在「try:」的區塊撰寫有可能會發生錯誤的處理，以及在「except:」的區塊撰寫發生錯誤之後的處理。如此一來，只要發生錯誤就會執行「except:」區塊的處理，程式也不會中斷（語法 4.11）。

try:

　　有可能發生錯誤的處理

except:

　　發生錯誤之際的處理

讓我們使用上述的語法修正**「取得 CSV 檔案每個元素的程式」**吧。在「try:」區塊撰寫載入檔案的處理,再於「except:」區塊撰寫發生錯誤之後的命令,再讓程式顯示「無法載入檔案」的訊息(程式 4.25)。

程式 4.25　chap4/test4_9.py

```
001    from pathlib import Path
002    import csv
003
004    infile = "namelist.csv"
005    try:
006        f = Path(infile).open(encoding="UTF-8")
007        dataReader = csv.reader(f)
008        for row in dataReader:          取得每一列資料
009            for value in row:          取得資料時,以逗號間隔
010                print(value)
011    except:
012        print(" 無法載入檔案。")
```

第 5～10 行的「try:」區塊撰寫了有可能發生錯誤的處理,也就是載入 CSV 檔案的處理。**第 11～12 行**的「except:」區塊則是發生錯誤之際的處理,也就是顯示「無法載入檔案。」訊息的處理。

如果程式順利執行，就會顯示 CSV 檔案的每個元素。

執行結果

A 太

B 介

C 子

D 郎

E 美

F 菜

讓我們試著將第 4 行程式碼的變數 infile 改成「XXXXX.csv」這個不存在的檔案，再執行程式看看（程式 4.26）。

程式4.26 程式修正（第 4 行程式碼）

```
001   infile = "XXXXX.csv"
```

如此一來就會顯示「無法載入檔案」，程式也不會被迫中斷執行。

執行結果

無法載入檔案。

 撰寫程式吧！

如此一來，「**從 CSV 檔案取得每個元素的程式**」就完成了。接著要撰寫的是「②利用元素的名稱建立資料」，但這部分可使用 mkdir() **命令撰寫的「在程式檔案的資料夾新增 newfolder 資料夾的程式（程式 4.2）」**。

合併這兩個部分的程式，撰寫「**載入名冊的 CSV 檔案，再利用元素的名稱建立資料夾的程式**」吧（程式 4.27）。

```python
from pathlib import Path
import csv

infile = "namelist.csv"
value1 = "outputfolder"

#【函數：根據 CSV 的內容建立資料夾】
def makefolders(readfile, savefolder):
    try:
        msg = ""
        Path(savefolder).mkdir(exist_ok=True)          建立轉存檔案的資料夾
        f = Path(infile).open(encoding="UTF-8")         開啟檔案
        csvdata = csv.reader(f)                          載入 CSV 的資料
        for row in csvdata:                              取得每一列資料
            for foldername in row:                      逐次取得元素
                newfolder = Path(savefolder).joinpath(foldername)
                newfolder.mkdir(exist_ok=True)          建立資料夾
                msg += " 在 " + savefolder + " 建立了 " ↵
+ foldername + " 了。\n"
        return msg
    except:
        return readfile + "：無法載入檔案。"

#【執行函數】
msg = makefolders(infile, value1)
print(msg)                                              顯示結果
```

※ 沒有行編號的程式碼是前一行程式碼的後續。本書受限於版面而不得不讓程式碼換行，但在電腦輸入
　程式碼的時候，不需要換行。

第 2 行程式碼載入了 csv 函式庫，第 4〜5 行程式碼將「CSV 檔案名稱」放入變數 infile，再將「轉存資料夾名稱」放入 value1。

第 8〜21 行程式碼為「載入 CSV 檔案，再利用元素的名稱建立資料夾的函數（makefolders）。第 10 行程式碼宣告了輸出訊息所需的變數 msg，第 11 行程式碼則建立了轉存資料夾的物件。

第 12〜15 程式碼載入了 CSV 檔案，以及將每個元素存入變數 foldername。第 16〜17 行程式碼則是在轉存資料夾建立了「各個元素名稱的資料夾」。

第 18 行程式碼將新增的資料夾名稱遞增至變數 msg，第 24〜25 行程式碼則是執行函數與顯示傳回值。

執行這個程式之後，會根據 CSV 檔案的各個元素的名稱建立資料夾，還會顯示建立了哪些資料夾（圖 4.22）。

執行結果

在 outputfolder 建立了 A 太了。

在 outputfolder 建立了 B 介了。

在 outputfolder 建立了 C 子了。

在 outputfolder 建立了 D 郎了。

在 outputfolder 建立了 E 美了。

在 outputfolder 建立了 F 菜了。

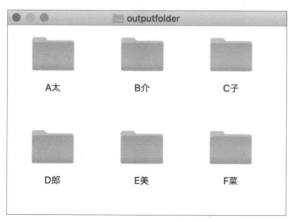

圖4.22 執行結果

轉換成應用程式！

接著要將這個 makefolders_csv.py 轉換成應用程式。

這個 makefolders_csv.py 會在選取「檔案名稱」與輸入「轉存資料夾名稱」之後執行，所以可利用「**選取檔案 +1 個輸入欄位的應用程式（範本 file_input1.pyw）**」這個範本製作（圖 4.23、圖 4.24）。

圖 4.23 使用的範本：範本 file_input1.pyw

圖 4.24 應用程式的完成圖

❶ 複製檔案「範本 file_input1.pyw」，再將剛剛複製的檔案更名為「makefolders_csv.pyw」。

接著要複製與修正在「makefolders_csv.py」執行的程式。

❷ 新增要使用的函式庫（程式 4.28）。

程式 4.28	修正範本：1

```
001  #【1.import 函式庫】
002  from pathlib import Path
003  import csv
```

❸ 修正顯示的內容與參數（程式 4.29）。

為了方便在任何環境下使用這個應用程式，在 infolder 的部分放入代表「目前資料夾」的「.」。

程式 4.29	修正範本：2

```
001  #【2. 設定於應用程式顯示的字串】
002  title = " 利用名冊的 CSV 檔案建立資料夾 "
003  infile = "namelist.csv"
004  label1, value1 = " 轉存的資料夾 ", "outputfolder"
```

❹ 置換函數（程式 4.30）。

程式 4.30	修正範本：3

```
001  #【3. 函數：根據 CSV 的內容建立資料夾】
002  def makefolders(readfile, savefolder):
003    try:
004      msg = ""
005      Path(savefolder).mkdir(exist_ok=True)————— 建立轉存檔案的資料夾
006      f = Path(infile).open(encoding="UTF-8")—— 開啟檔案
007      csvdata = csv.reader(f)————————————— 載入 CSV 的資料
008      for row in csvdata:————————————————— 取得每一列資料
009        for foldername in row:——————————— 逐次取得元素
010          newfolder = Path(savefolder).joinpath(foldername)
011          newfolder.mkdir(exist_ok=True)——— 建立資料夾
012          msg += " 在 " + savefolder + " 建立了 " + foldername + " 了。\n"
```

```
013        return msg
014    except:
015        return readfile + " : 無法載入檔案。"
```

❺ 執行函數（程式 4.31）。

程式4.31	修正範本：4

```
001  #【4. 執行函數】
002  msg = makefolders(infile, value1)
```

如此一來就大功告成了（makefolders_csv.pyw）。

這個應用程式可利用下列的步驟執行。

① 點選「選取」按鈕，再選取名冊的 CSV 檔案。

② 在「轉存的資料夾」輸入要建立新資料夾的資料夾名稱（如果沒有這個資料夾就會新增資料夾；如果已經有這個資料夾，就會在這個資料夾內再新增資料夾）。

③ 點選「執行」按鈕，就會在轉存資料夾建立各個元素名稱的資料夾（圖 4.25）。

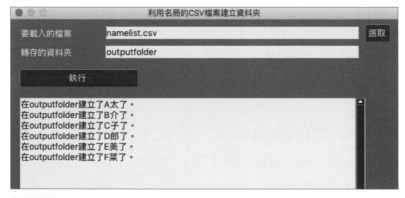

圖4.25 執行結果

可以快速建立資料夾了耶！

文字檔案的
搜尋與置換

Recipe
1
Chapter 5

載入文字檔

想解決這種問題！

?

> 常不小心忘記檔案的名稱！只記得檔案之中使用了「某段字串」,但到底是哪個檔案啊？

有什麼方法可以解決呢？

如果讓電腦幫你執行這些例行公事,有什麼好處呢？應該先從這個部分開始思考。這個問題大致可得到下列的答案。

① 你提供要調查的資料夾與要搜尋的字串。

② 電腦搜尋該資料夾的文件檔,再於找到特定字串之後,顯示該文件檔的檔案名稱。

接著讓我們從電腦的立場思考這個問題。從電腦的角度來看,大致可透過下列兩個處理解決問題（圖 5.1）。

① 取得資料夾與子資料夾的所有文件檔。

② 如果文件檔包含了指定的字串,就顯示該文件檔的檔案名稱。

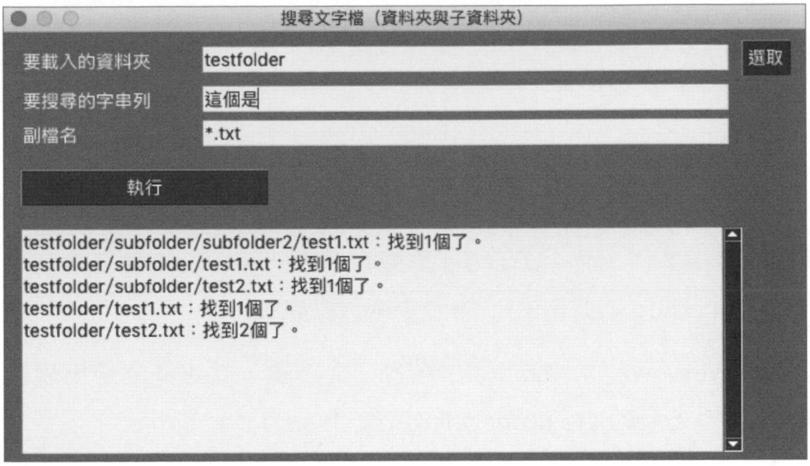

搜尋文字檔（資料夾與子資料夾）

要載入的資料夾	testfolder	選取
要搜尋的字串列	這個是	
副檔名	*.txt	

執行

testfolder/subfolder/subfolder2/test1.txt：找到1個了。
testfolder/subfolder/test1.txt：找到1個了。
testfolder/subfolder/test2.txt：找到1個了。
testfolder/test1.txt：找到1個了。
testfolder/test2.txt：找到2個了。

圖 5.1 應用程式的完成圖

不過，**「文件檔」**的種類有很多種，例如**文字檔**、Word **檔**、PDF **檔**、Excel **檔**，這些檔案的格式都不同，無法使用相同的方法搜尋。

因此第 5 章要製作最簡單的**「搜尋文字檔的程式」**，第 6 ～ 8 章則利用這個程式製作搜尋其他格式文件檔的程式，所以**請務必徹底學好這一章**。

解決問題所需的命令？

①「取得資料夾與子資料夾的所有文件檔」可使用第 4 章用過的 rglob() 命令解決。

②「如果文件檔包含了指定的字串，就顯示該文件檔的檔案名稱」則需要開啟檔案，所以可利用**「變數 = Path（檔案路徑）.open()」**命令開啟與載入檔案。對這個文件檔使用 read_text() 命令即可將文字載入變數（語法 5.1）。

就先讓我們用上述的語法，替文字檔建立程式吧。

　　將文字檔的文字載入變數

```
from pathlib import Path

p = Path( 檔案路徑 )

變數 = p.read_text(encoding="UTF-8")
```

要注意的是，字元編碼有很多種，而「UTF-8」是最常用的一種，所以通常會利用
「變數 = p.read_text(encoding="UTF-8")」的命令載入文字檔。

不過，若是載入早期的 Windows 的「Shift-JIS 格式」文字檔，有可能就會出現亂
碼，此時請指定為「變數 = p.read_text(encoding="shift_jis")」。

接下來就讓我們一起撰寫**「載入文字檔的程式」**吧。第一步要先利用文字編輯器製
作測試專用的文字檔（test.txt）。

資料檔案　　**test.txt**

這個是測試資料。

程式 5.1 是載入這個文字檔的程式。

程式 5.1　　chap5/test5_1.py

```
001    from pathlib import Path
002
003    infile = "test.txt"                                    要載入的檔案名稱
004    try:
005        p = Path(infile)                                   文字檔案的
006        text = p.read_text(encoding="UTF-8")               載入文字
007        print(text)                                        顯示
008    except:
009        print(" 程式執行失敗。")                            出現錯誤時
```

第 1 行程式碼載入了 pathlib 函式庫的 Path。**第 3 行程式碼**將「要載入的檔案名稱」放入變數 infile。**第 5 ～ 7 行程式碼**將文字檔的文字載入變數 text 再顯示文字。**第 9 行程式碼**則是發生錯誤時的命令。

執行這個程式之後，會載入與顯示文字。

執行結果

這個是測試資料。

由於我們已經學會從文字檔載入文字的方法，接下來就試著「搜尋該文字是否包含特定字串」吧。這裡要使用的是在第 4 章用過的**「字串 .count()」**。

 ## 撰寫程式吧！

接下來要製作**「搜尋資料夾之中的文字檔程式」**。在製作這個程式之前，要先**如圖 5.2 的階層結構建立測試所需的資料夾（testfolder）**（只要能測試就好，階層結構不一定要完全一致）。也可從 P.10 的 URL 下載範例檔案，再使用其中的**資料夾 chap5/testfolder**。

圖5.2 資料夾結構

```
[testfolder]
├ test1.txt
├ test2.txt
├ test1.py
└ [subfolder]
    ├ test1.txt
    └ test2.txt
    └ [subfolder2]
        └ test1.txt
```

這個資料夾有下列這些文字檔（test1.txt、test2.txt）以及 Python 的程式檔（test1.py）。

範例檔案　test1.txt

這個是測試檔案的第 1 列資料。ＡＢＣ

「全形１２・３」「全形Ａｂｃ！（＠）」「半形片假名」「圈圈數字①②③」「符號ha」

範例檔案　test2.txt

這個是測試檔案的第 1 列資料。ＡＢＣ

這個是測試檔案的第 2 列資料。ＤＥＦ

「全形１２・３」「全形Ａｂｃ！（＠）」「半形片假名」「圈圈數字①②③」「符號ha」

範例檔案　test1.py

print(" 這個是 Python 檔案。")

資料準備完畢之後，接著要利用「取得特定資料夾與子資料夾的檔案列表」程式（程式 4.4）、「載入文字檔的程式」（程式 5.1），以及「count()」製作**「搜尋文字檔的程式（find_tests.py）」**（程式 5.2）。

程式5.2　chap5/find_texts.py

```
001  from pathlib import Path
002
003  infolder = "testfolder"
004  value1 = " 這個是 "
005  value2 = "*.txt"
006
007  #【函數：搜尋文字檔】
008  def findfile(readfile, findword):
009      try:
010          msg = ""
```

```
011        p = Path(readfile)                          文字檔的
012        text = p.read_text(encoding="UTF-8")        載入文字
013        cnt = text.count(findword)                  搜尋字串
014        if cnt > 0:                                 找到的話
015            msg = " 找到 " + readfile+" : "+str(cnt)+" 個了。\n"
016        return msg
017    except:
018        return readfile + " : 程式執行失敗。"
019  #【函數：搜尋資料夾與子資料夾的文字檔】
020  def findfiles(infolder, findword, ext):
021      msg = ""
022      filelist = []
023      for p in Path(infolder).rglob(ext):           將這個資料夾以及子資料夾的所有檔案
024          filelist.append(str(p))                   新增至列表
025      for filename in sorted(filelist):             再替每個檔案排序
026          msg += findfile(filename, findword)
027      return msg
028
029  #【執行函數】
030  msg = findfiles(infolder, value1, value2)
031  print(msg)
```

第 1 行程式碼載入了 pathlib 函式庫的 Path，**第 3 ～ 5 行程式碼**將「要載入的資料夾名稱」放入變數 infolder，將「要搜尋的字串」放入變數 value1，再將「副檔名」放入變數 value2。

第 8 ～ 18 行程式碼則是「搜尋文字檔的函數（findfile）」。**第 11 ～ 12 行程式碼**載入了文字檔的文字。**第 13 ～ 15 行程式碼**則在該文字包含特定的字串時，將「檔案名稱與找到幾個字串」的訊息放入變數 msg。

第 20 ～ 27 行程式碼是「搜尋資料夾與子資料夾的文字檔的函數（findfiles）」。

第 23 ～ 24 行程式碼則是將資料夾的檔案列表新增至 filelist。**第 25 ～ 26 行程式碼**先排序檔案列表，再逐次調查這些檔案。

第 30 ～ 31 行程式碼是執行 findfiles() 函數與顯示結果的部分。

執行這個程式之後，會搜尋 testfolder 資料夾與子資料夾的文字檔。test1.txt 有 1 個「這個是」字串，test2.txt 有 2 個，所以會分別顯示這些個數。

執行結果

testfolder/subfolder/subfolder2/test1.txt：找到 1 個了。

testfolder/subfolder/test1.txt：找到 1 個了。

testfolder/subfolder/test2.txt：找到 1 個了。

testfolder/test1.txt：找到 1 個了。

testfolder/test2.txt：找到 2 個了。

搜尋文字檔：
find_texts

轉換成應用程式！

接著要將 find_texts.py 轉換成應用程式。

這個 find_texts.py 可在選取「資料夾」，輸入「要搜尋的字串」與「副檔名」之後執行，所以可利用**「選取資料夾 +2 個輸入欄位的應用程式（範本 folder_input2. pyw）」**這個範本製作（圖 5.3、圖 5.4、圖 5.5）。

	選取資料夾+輸入欄位2個的應用程式	
載入的資料夾	.	選取
輸入欄位1	初始值1	
輸入欄位2	初始值2	
執行		
資料夾名稱 = .		
輸入欄位的字串 = 初始值1初始值2		

圖 5.3 要使用的範本：範本 folder_input2.pyw

	搜尋文字檔（資料夾與子資料夾）	
要載入的資料夾	testfolder	選取
要搜尋的字串列	這個是	
副檔名	*.txt	
執行		
testfolder/subfolder/subfolder2/test1.txt：找到1個了。		
testfolder/subfolder/test1.txt：找到1個了。		
testfolder/subfolder/test2.txt：找到1個了。		
testfolder/test1.txt：找到1個了。		
testfolder/test2.txt：找到2個了。		

圖 5.4 應用程式的完成圖

5

文字檔案的搜尋與置換

程式檔案

範本檔案

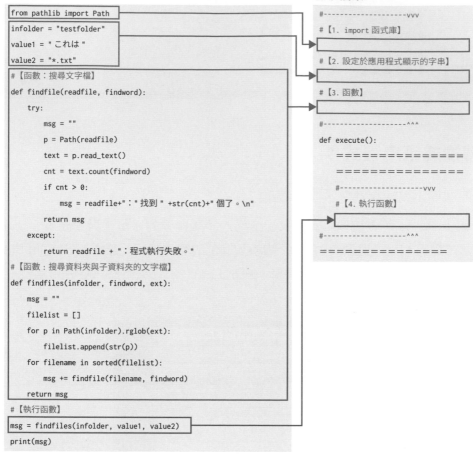

圖5.5 將程式移植到範本裡

❶ 複製檔案「範本 folder_input2.pyw」，再將剛剛複製的檔案更名為「find_texts. pyw」。

接著要複製與修正在「find_texts.py」執行的程式。

❷ 新增要使用的函式庫（程式 5.3）。

程式5.3	修正範本：1

```
001  #【1. import 函式庫】

002  from pathlib import Path
```

148

❸ 修正要顯示的內容或參數（程式 5.4）。

為了方便在任何環境下使用這個應用程式，在 infolder 的部分放入代表「目前資料夾」的「.」。

程式 5.4	修正範本：2

```
001  #【2. 設定於應用程式顯示的字串】
002  title = " 搜尋文字檔（資料夾與子資料夾）"
003  infolder = "."
004  label1, value1 = " 要搜尋的字串列 ", " 這個是 "
005  label2, value2 = " 副檔名 ", "*.txt"
```

❹ 置換函數（程式 5.5）。

程式 5.5	修正範本：3

```
001  #【3. 函數：搜尋文字檔】
002  def findfile(readfile, findword):
003      try:
004          msg = ""
005          p = Path(readfile)────────────────── 文字檔的
006          text = p.read_text(encoding="UTF-8")─── 載入文字
007          cnt = text.count(findword)──────────── 搜尋字串
008          if cnt > 0:──────────────────────────── 找到的話
009              msg = readfile+" : "+" 找到 " +str(cnt)+" 個了。\n"
010          return msg
011      except:
012          return readfile + " : 程式執行失敗。"
013  #【3. 函數：搜尋資料夾與子資料夾的文字檔】
014  def findfiles(infolder, findword, ext):
015      msg = ""
016      filelist = []
```

```
017        for p in Path(infolder).rglob(ext):——— 將這個資料夾以及子資料夾的所有檔案
018            filelist.append(str(p))——————— 新增至列表
019        for filename in sorted(filelist):——— 再替每個檔案排序
020            msg += findfile(filename, findword)
021        return msg
```

❺ 執行函數（程式 5.6）。

程式5.6	修正範本：4

```
001    #【4. 執行函數】
002    msg = findfiles(infolder, value1, value2)
```

這樣就大功告成了（find_texts.pyw）。

這個程式可利用下列的步驟執行。

① 點選「選取」按鈕，再選取「要載入的資料夾」。（不選取的話，就會從這個程式
　檔的資料夾開始搜尋）。

② 在「要搜尋的字串」輸入要搜尋的字串。

③ 點選「執行」按鈕，顯示包含該字串的文字檔（圖 5.6）。

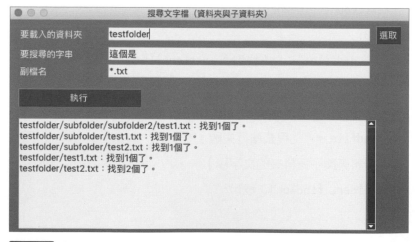

圖5.6 執行結果

④ 變更「副檔名」，就能搜尋副檔名不為「txt」的文字檔。

許多程式檔的副檔案雖然不是 txt，但都是文字檔，比方說 Python 的副檔名是
「py」、PHP 的是「php」、C 的是「c」、C# 是「cs」、JavaScript 是「js」、
HTML 是「html」，而這些程式檔都是文字檔，所以只要指定這些程式檔的副檔
名，一樣能搜尋「程式檔的內容」（圖 5.7）。

```
●●●                    搜尋文字檔（資料夾與子資料夾）
要載入的資料夾    testfolder                                          選取
要搜尋的字串      這個是
副檔名           *.py

         執行

testfolder/test1.py：找到1個了。
```

圖 5.7 執行結果

找到包含特定字串的檔案囉！

置換文字檔：replace_texts

Recipe **3** Chapter 5

想解決這種問題！

我新增了很多文字檔，但寫錯字了！我想將所有文字檔的「這個是」換成「那個是」，該怎麼做呢？

有什麼方法可以解決呢？

如果讓電腦幫你執行那些例行公事，有什麼好處呢？應該先從這個部分開始思考。這個問題大致可得到下列的答案。

① 你告訴電腦要搜尋的資料夾、字串以及要置換的字串，以及轉存檔案的資料夾。

② 電腦搜尋該資料夾的文字檔的內容，再將找到的字串換成指定的字串，最後轉存至特定的資料夾。

從電腦的立場思考這個問題，大致可透過下列兩種處理解決問題（圖5.8）。

① 取得特定資料夾與子資料夾的所有文字檔名稱。

② 如果在文字檔找到要搜尋的字串，就置換成指定的字串。

置換文字檔（資料夾之內的文字檔）

要載入的資料夾	testfolder	選取
要搜尋的字串	這個是	
置換字串	那個是	
轉存資料夾	outputfolder	

執行

在outputfolder轉存了test1.txt 喲。
在outputfolder轉存了test2.txt 喲。

圖 5.8 應用程式的完成圖

解決問題所需的命令？

具體來說，會使用哪些命令呢？

這個程式的內容與「搜尋文字檔」幾乎一樣，但是**「置換字串的處理」**與**「轉存文字檔的處理」**則不一樣，所以要新增這兩個命令。

「置換字串」的部分可使用 replace() 命令（語法 5.2）。只要傳遞要搜尋字串與要置換的字串就能置換字串。

語法 5.2	搜尋字串，置換找到的字串

變數 = 文字的變數 .replace（要搜尋的字串，要置換的字串）

接著是**「轉存文字檔的處理」**部分。可利用 write_text() 命令與下列的語法轉存檔案（語法 5.3）。

語法 5.3	以 UTF-8 的字元編碼轉存文字檔

```
from pathlib import Path
p = Path( 檔案名稱 )
p.write_text( 文字 , encoding="UTF-8")
```

接著讓我們試著製作**「置換字串的程式」**（程式 5.7）。這次要將「這個是測試資料」的「這個是」換成「那個是」。

程式5.7　chap5/test5_2.py

```
001   text = " 這個是測試資料。"
002   word1 = " 這個是 "
003   word2 = " 那個是 "
004
005   print(" 置換前 :", text)
006   text = text.replace(word1, word2)
007   print(" 置換後 :", text)
```

第 1 行程式碼將「要搜尋的字串」放入變數 text，第 2 ～ 3 行程式碼將「要搜尋的字串」與「要置換的字串」分別放入變數 word1 與 word2。

第 5 行程式碼顯示置換前的字串。第 6 行程式碼將 word1 置換成 word2。第 7 行程式碼顯示了置換之後的字串。

執行這個程式就能將「這個是」換成「那個是」。

執行結果

```
置換前 ： 這個是測試資料。
置換後 ： 那個是測試資料。
```

 撰寫程式吧！

接著讓我們利用前述的命令與手法製作**「置換文字檔的程式（replace_texts. py）」**（程式 5.8），不過這是「轉存檔案的程式」，所以有兩點要特別注意。

第一點是**「轉存時，不覆寫原本的檔案」**。如果不小心輸入了錯誤的字串，就有可能會在執行程式之後，導致原始的檔案毀損，而且無法還原。所以最好另外新增資料夾，再於該資料夾新增相同檔名的檔案。

第二點是「**轉存檔案時，調查範圍僅限資料夾之內**」。這也是為了預防錯誤的措施。如果子資料夾有大量的檔案卻執行程式的話，就有可能會新增一堆不必要的檔案。

因此本書雖然會在「**調查檔案的時候，連同子資料夾一併調查**」，但是在「**轉存檔案時，轉存範圍僅限資料夾之內**」。

接著，讓我們根據上述內容製作「**調查資料夾之內的文字檔，並在文字檔具有搜尋字串時，將該字串置換成指定的置換字串**」程式。

程式5.8	chap5/replace_texts.py

```
001   from pathlib import Path
002
003   infolder = "testfolder"
004   value1 = " 這個是 "
005   value2 = " 那個是 "
006   value3 = "outputfolder"
007   ext = "*.txt"
008
009   #【函數：置換文字檔】
010   def replacefile(readfile, findword, newword, savefolder):
011       try:
012           msg = ""
013           p1 = Path(readfile)                        將文字檔
014           text = p1.read_text(encoding="UTF-8")      載入
015           text = text.replace(findword, newword)     置換
016           savedir = Path(savefolder)
017           savedir.mkdir(exist_ok=True)               建立轉存資料夾
018           filename = p1.name                         使用這個檔案名稱
019           p2 = Path(savedir.joinpath(filename))      建立新檔案
```

```
020          p2.write_text(text, encoding="UTF-8") —— 轉存檔案
021          msg = " 在 " + savefolder+" 轉存了 "+ filename + " 喲。\n"
022          return msg
023      except:
024          return readfile + " : 程式執行失敗。"
025  #【函數：置換資料夾之內的文字檔】
026  def replacefiles(infolder, findword, newword, savefolder):
027      msg = ""
028      filelist = []
029      for p in Path(infolder).glob(ext): —— 將這個資料夾的檔案
030          filelist.append(str(p)) —— 新增至列表
031      for filename in sorted(filelist): —— 再替每個檔案排序
032          msg += replacefile(filename, findword, newword, savefolder)
033      return msg
034
035  #【執行函數】
036  msg = replacefiles(infolder, value1, value2, value3)
037  print(msg)
```

第 1 行程式碼載入了 pathlib 函式庫的 Path。**第 3 ～ 6 行程式碼**將「要載入的資料夾名稱」放入變數 infolder，再將「要搜尋的字串」放入變數 value1，以及將「要置換的字串」放入 value2，最後將「轉存資料夾的名稱」放入 value3。

第 10 ～ 24 行程式碼是「置換文字檔的函數（replacefile）」。**第 13 ～ 14 行程式碼**則載入了文字檔的文字。**第 15 行程式碼**則將搜尋字串置換成要置換的字串。

第 16 ～ 17 行程式碼建立了轉存資料夾。**第 18 ～ 20 行程式碼**則將置換文字之後的檔案轉存至剛剛新增的資料夾。**第 21 行程式碼**將轉存的檔案新增至變數 msg。

第 26 ～ 33 行程式碼建立了「置換資料夾之內的文字檔的函數（replacefiles）」。
第 29 ～ 30 行程式碼則是將資料夾的檔案列表新增至 filelist。第 31 ～ 32 行程式碼則是重新排序檔案列表以及逐次調查每個檔案。

第 36 ～ 37 行程式碼執行了 replacefiles() 函數以及顯示結果。

執行這個程式之後，會轉存置換完畢的檔案以及顯示該檔案的名稱。

執行結果

在 outputfolder 轉存 test1.txt 喲。

在 outputfolder 轉存 test2.txt 喲。

轉換的檔案都置換完畢了。

資料檔案　**outputfolder/test1.txt**

那個是測試檔案的第 1 列資料。ＡＢＣ

「全形１２・３」「全形Ａｂｃ！（＠）」「半形片假名」「圈圈數字①②③」「符號ha」

資料檔案　**outputfolder/test2.txt**

那個是測試檔案的第 1 列資料。ＡＢＣ

那個是測試檔案的第 2 列資料。ＤＥＦ

「全形１２・３」「全形Ａｂｃ！（＠）」「半形片假名」「圈圈數字①②③」「符號ha」

 # 轉換成應用程式！

接下來要將這個 replace_texts.py 轉換成應用程式。

這個 replace_texts.py 會在選取「資料夾名稱」，以及在「要搜尋的字串」、「置換字串」與「轉存資料夾」這三個欄位輸入資料之後執行。應該也可利用**「選取資料夾 +3 個輸入欄位（範本 folder_input3.pyw）」**製作這個程式（圖 5.9、圖 5.10）。

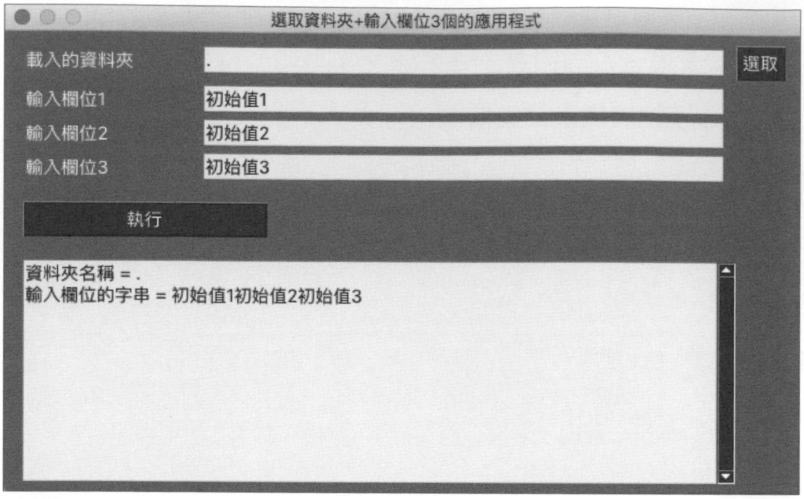

圖5.9 要使用的範本：範本 folder_input3.pyw

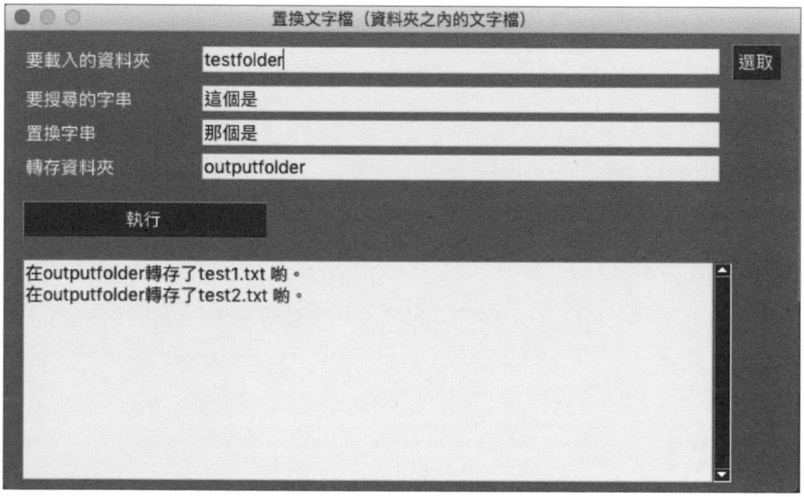

圖5.10 應用程式的完成圖

❶ 複製檔案「範本 folder_input3.pyw」，再將剛剛複製的檔案更名為「replace_texts.pyw」。

接下來要複製與修正在「replace_texts.py」執行的程式。

❷ 追加要使用的函式庫（程式 5.9）

| 程式 5.9 | 修正範本：1 |

```
001  #【1.import 函式庫】
002  from pathlib import Path
```

❸ 修正顯示的內容或參數（程式 5.10）。

為了方便在任何環境下使用這個應用程式，在 infolder 的部分放入代表「目前資料夾」的「.」。

| 程式 5.10 | 修正範本：2 |

```
001  #【2. 設定於應用程式顯示的字串】
002  title = " 置換文字檔（資料夾之內的文字檔）"
003  infolder = "."
004  label1, value1 = " 要搜尋的字串 ", " 這個是 "
005  label2, value2 = " 置換字串 ", " 那個是 "
006  label3, value3 = " 轉存資料夾 ", "outputfolder"
007  ext = "*.txt"
```

❹ 置換函數（程式 5.11）。

| 程式 5.11 | 修正範本：3 |

```
001  #【3. 函數：置換文字檔】
002  def replacefile(readfile, findword, newword, savefolder):
003      try:
004          msg = ""
005          p1 = Path(readfile)————————————————— 將文字檔
006          text = p1.read_text(encoding="UTF-8")—— 載入
007          text = text.replace(findword, newword)— 置換
008          savedir = Path(savefolder)
009          savedir.mkdir(exist_ok=True)——————— 建立轉存資料夾
```

```
010            filename = p1.name ──────── 使用這個檔案名稱

011            p2 = Path(savedir.joinpath(filename)) ── 建立新檔案

012            p2.write_text(text, encoding="UTF-8") ── 轉存檔案

013            msg = " 在 " + savefolder+" 轉存了 "+ filename + " 喲。\n"

014            return msg

015        except:

016            return readfile + " ：程式執行失敗。"

017    #【3. 函數：置換資料夾之內的文字檔】

018    def replacefiles(infolder, findword, newword, savefolder):

019        msg = ""

020        filelist = []

021        for p in Path(infolder).glob(ext): ────── 將這個資料夾的檔案

022            filelist.append(str(p)) ──────────── 新增至列表

023        for filename in sorted(filelist): ────── 再替每個檔案排序

024            msg += replacefile(filename, findword, newword, ⏎
        savefolder)

025        return msg
```

❺ 執行函數（程式 5.12）。

程式5.12	修正範本：4

```
001    #【4. 執行函數】

002    msg = replacefiles(infolder, value1, value2, value3)
```

如此一來就大功告成了（replace_texts.pyw）。

這個應用程式可透過下列的步驟使用。

① 點選「選取」，再選取「要載入的資料夾」（若不選取，就會從這個程式碼檔案的資料夾開始搜尋）。

② 在「要搜尋的字串」與「置換字串」輸入內容。

③ 在「轉存資料夾」輸入轉存資料夾的名稱（如果轉存資料夾還不存在，就新增；如果已經存在，就直接在資料夾之內轉存）。

④ 點選「執行」按鈕，替載入資料夾的文字檔置換字串，再將檔案轉存至轉存資料夾（圖 5.11）。

置換文字檔（資料夾之內的文字檔）		
要載入的資料夾	testfolder	選取
要搜尋的字串	這個是	
置換字串	那個是	
轉存資料夾	outputfolder	
執行		

在outputfolder轉存了test1.txt 喲。
在outputfolder轉存了test2.txt 喲。

圖 5.11 執行結果

文字都置換囉！

161

依照正規表示法搜尋文字檔：regfind_texts

Recipe **4**
Chapter 5

想解決這種問題！

> 我又忘記文字檔的檔案名稱了！而且只有個大概印象，怎麼辦啊？

有什麼方法可以解決呢？

如果讓電腦幫你執行那些例行公事，有什麼好處呢？應該先從這個部分開始思考。這個問題大致可得到下列的答案。

① 你告訴電腦要搜尋的資料夾以及大概的字串。

② 電腦根據大概的字串搜尋該資料夾的檔案，如果找到字串的話，就能顯示該檔案名稱。

接著讓我們從電腦的立場思考這個問題。從電腦的角度來看，大致可透過下列兩個處理解決問題（圖 5.12）。

① 在指定資料夾與子資料夾取得所有文字檔的檔案名稱。

② 如果這些文字檔有剛剛提供的字串，就顯示檔案名稱。

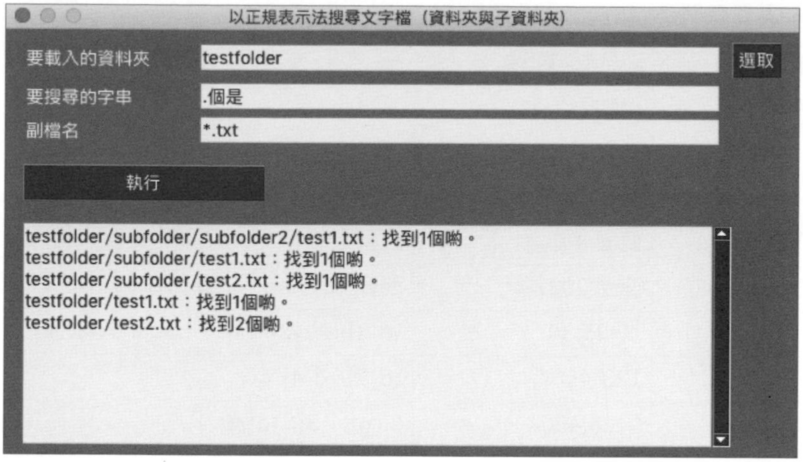

以正規表示法搜尋文字檔（資料夾與子資料夾）

要載入的資料夾	testfolder	選取
要搜尋的字串	.個是	
副檔名	*.txt	

執行

testfolder/subfolder/subfolder2/test1.txt：找到1個喲。
testfolder/subfolder/test1.txt：找到1個喲。
testfolder/subfolder/test2.txt：找到1個喲。
testfolder/test1.txt：找到1個喲。
testfolder/test2.txt：找到2個喲。

圖 5.12 應用程式的完成圖

解決問題所需的命令？

①「在指定資料夾與子資料夾取得所有文字檔的檔案名稱」可利用 rglob() 命令
完成。

問題在於②「模糊的字串」。若要電腦進行「模糊的搜尋」，通常會使用「萬用字
元」或是「正規表示法」。**萬用字元**是「*.txt」這類在搜尋檔案之際使用的方法，
是一種比較不精準的搜尋方式，而**正規表示法**則可以進一步指定搜尋方法。

比方說，要搜尋「第○次」這種字串時，有可能會是要搜尋「第 3 次」、「第 30
次」或「第 300 次」這種字串，此時若使用正規表示法的「第 \d+ 次」就能一口氣
找到這些字串。「\d+」的意思是「一位數以上的數字」，所以在前後加上「第」
與「次」就能搜尋「第 N 次」這類字串。

部分的正規表示法可見下表 5.1。

表5.1 正規表示法的具體範例

模糊搜尋	實例	正規表示法
利用雙引號括住的字串	" 你好 "	"(.*?)"
利用上下引號括住的字串	「你好」	「(.*?)」
第 N 次	第 12 次	第 \d+ 次
民國幾年	民國 4 年	民國 \d+ 年
西元幾年	西元 2022 年	西元 \d+ 年
幾點幾分幾秒	10:25:30	\d{2}:{2}:{2}
郵遞區號	123-4567	\d{3}-\d{4}
金額（千分位樣式）	\$123,456-	\$ (\d{1,3}(,\d{3})*)-
電子郵件信箱	aaa@bbb.com	[\w-.]+@[\w-.]+.[a-zA-Z]+

Python 的標準函式庫也有 re 這種可進行正規表示法搜尋的函式庫，所以可立刻派上用場。

接著，讓我們試著撰寫**「模糊搜尋字串的程式」**（程式 5.13）。這個程式要搜尋「這個是、那個是、那個是、哪個是」的字串之中，「這？是」與「？個是」的字串有幾個字。正規表示法是以「.（點）」代表「某個字元」，所以可利用「這 . 是」或「. 個是」的正規表示法進行搜尋。

程式5.13 chap5/test5_3.py

```
001    import re
002
003    text = " 這個是、那個是、那個是、哪個是 "
004    word1 = " 這 . 是 "
005    word2 = ". 個是 "
006
007    pattern = re.compile(word1)
008    count = len(re.findall(pattern, text))
009    print(word1, ":", count, " 個 ")
010
```

```
011    pattern = re.compile(word2)
012    count = len(re.findall(pattern, text))
013    print(word2, ":", count, " 個 ")
```

第 1 行程式碼載入了 re 函式庫，**第 3 行程式碼**將「要搜尋的字串」放入變數 text，**第 4～5 行程式碼**將「正規表示法的搜尋字串」放入變數 word1 與 word2。

第 7 行程式碼根據 word1 建立了搜尋模式，**第 8～9 行程式碼**調查 text 之中有幾個搜尋模式的字串，再顯示結果。

第 11 行程式碼根據 word2 建立了搜尋模式。**第 12～13 行程式碼**則是調查 text 之中有幾個搜尋模式的字串，再顯示結果。

執行程式之後，可以知道「這 . 是」有 1 個，「. 個是」有 4 個。

執行結果

```
這 . 是 : 1 個
. 個是 : 4 個
```

 撰寫程式吧！

接著，要利用「取得特定資料夾與子資料夾的檔案列表」的程式（程式 4.4），與「模糊搜尋字串的程式（程式 5.13），撰寫「**利用正規表示法搜尋文字檔的程式（regfind_texts.py）**」（程式 5.14）。

程式 5.14　chap5/regfind_texts.py

```
001    from pathlib import Path
002    import re
003
004    infolder = "testfolder"
005    value1 = ". 個是 "
```

```python
006    value2 = "*.txt"
007
008    #【函數：利用正規表示法搜尋文字檔】
009    def findfile(readfile, findword):
010        try:
011            msg = ""
012            ptn = re.compile(findword)              # 建立搜尋模式
013            p = Path(readfile)                      # 文字檔的
014            text = p.read_text(encoding="UTF-8")    # 載入文字
015            cnt = len(re.findall(ptn, text))        # 搜尋字串
016            if cnt > 0:                             # 找到的話
017                msg = readfile+"："+" 找到 " + str(cnt)+" 個喲。\n"
018            return msg
019        except:
020            return readfile + "：程式執行失敗。"
021    #【函數：以正規表示法搜尋資料夾與子資料夾的所有文字檔】
022    def findfiles(infolder, findword, ext):
023        msg = ""
024        filelist = []
025        for p in Path(infolder).rglob(ext):         # 將這個資料夾以及子資料夾的所有檔案
026            filelist.append(str(p))                 # 新增至列表
027        for filename in sorted(filelist):           # 再替每個檔案排序
028            msg += findfile(filename, findword)
029        return msg
030    #【執行函數】
031    msg = findfiles(infolder, value1, value2)
032    print(msg)
```

第 2 行程式碼載入了 re 函式庫，第 4 ～ 6 行程式碼將「要載入的資料夾的名稱」放入變數 infolder，將「正規表示法的字串」放入變數 value1，再將「副檔名」放入 value2。

第 9 ～ 20 行程式碼是「搜尋資料夾之中的檔案名稱的函數（findfile）」。第 12 行程式碼則建立了搜尋模式。第 13 ～ 14 行程式碼載入了文字檔的文字。

第 15 行程式碼確認 text 之中，有幾個搜尋模式的字串。第 16 ～ 17 行則是當文字包含該字串，就將「檔案名稱與字串」放入變數 msg，以便後續顯示「檔案名稱以及幾個字串」這個訊息。

第 21 ～ 29 行程式碼是「利用正規表示法搜尋資料夾與子資料夾的所有文字檔函數（findfiles）」。第 25 ～ 26 行程式碼則是將資料夾與子資料夾的所有檔案製作成列表。第 27 ～ 28 行程式碼會先排序這張列表，再對每個檔案執行 findfile() 函數。第 31 ～ 32 行程式碼會執行函數與顯示傳回值。

執行這個程式之後，會在搜尋之後顯示文字檔的列表。

> **執行結果**
>
> testfolder/subfolder/subfolder2/test1.txt：找到 1 個喲。
>
> testfolder/subfolder/test1.txt：找到 1 個喲。
>
> testfolder/subfolder/test2.txt：找到 2 個喲。
>
> testfolder/test1.txt：找到 1 個喲。
>
> testfolder/test2.txt：找到 2 個喲。

 ## 轉換成應用程式！

接著要將 regfind_texts.py 轉換成應用程式。

regfind_texts.py 會在選取「資料夾」，輸入「要搜尋的正規表示法的字串」與「副檔名」之後執行，所以可利用**「選取資料夾 +2 個輸入欄位（範本 folder_input2. pyw）」**這個範本製作（圖 5.13、圖 5.14）。

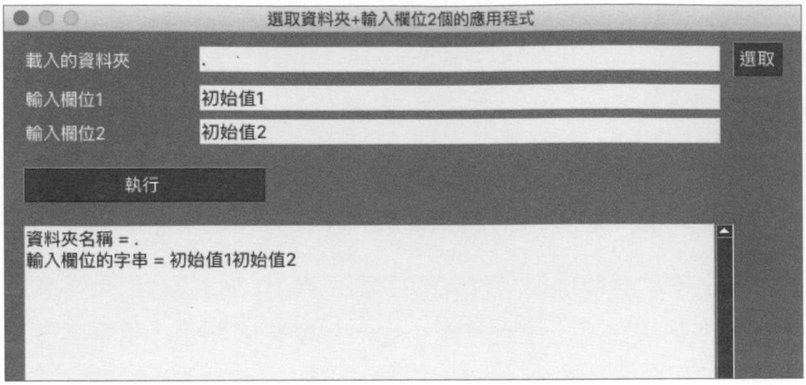

圖 5.13 要使用的範本：範本 folder_input2.pyw

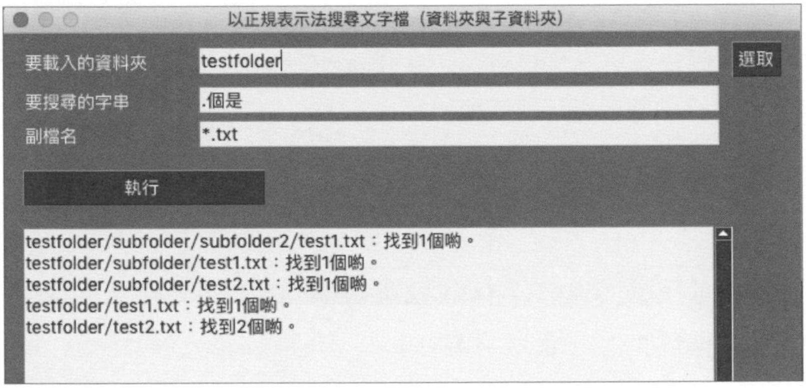

圖 5.14 應用程式的完成圖

❶ 複製檔案「範本 folder_input2.pyw」，再將剛剛複製的檔案更名為「regfind_ texts.pyw」。

接下來要複製與修正「regfind_texts.py」的程式。

❷ 追加新增的函式庫（程式 5.15）。

程式 5.15	修正範本：1

```
001   #【1.import 函式庫】
002   from pathlib import Path
003   import re
```

❸ 修正顯示的內容與參數（程式 5.16）。

為了方便在任何環境下使用這個應用程式，在 infolder 的部分放入代表「目前資料夾」的「.」。

程式5.16	修正範本：2

```
001  #【2. 設定於應用程式顯示的字串】
002  title = " 以正規表示法搜尋文字檔（資料夾與子資料夾）"
003  infolder = "."
004  label1, value1 = " 要搜尋的字串 ", ". 個是 "
005  label2, value2 = " 副檔名 ", "*.txt"
```

❹ 置換函數（程式 5.17）。

程式5.17	修正範本：3

```
001  #【3. 函數：利用正規表示法搜尋文字檔】
002  def findfile(readfile, findword):
003      try:
004          msg = ""
005          ptn = re.compile(findword)          ── 建立搜尋模式
006          p = Path(readfile)                   ── 文字檔的
007          text = p.read_text(encoding="UTF-8") ── 載入文字
008          cnt = len(re.findall(ptn, text))     ── 搜尋字串
009          if cnt > 0:                          ── 找到的話
010              msg = readfile+" : "+" 找到 " + str(cnt)+" 個喲。\n"
011          return msg
012      except:
013          return readfile + " : 程式執行失敗。"
014  #【3. 函數：以正規表示法搜尋資料夾與子資料夾的所有文字檔】
015  def findfiles(infolder, findword, ext):
016      msg = ""
```

```
017        filelist = []
018        for p in Path(infolder).rglob(ext):——— 將這個資料夾以及子資料夾的所有檔案
019            filelist.append(str(p))——————— 新增至列表
020        for filename in sorted(filelist):——— 再替每個檔案排序
021            msg += findfile(filename, findword)
022        return msg
```

❺ 執行函數（程式 5.18）。

程式5.18	修正範本：4

```
001  #【4. 執行函數】
002  msg = findfiles(infolder, value1, value2)
```

如此一來就大功告成了（regfind_texts.pyw）。

這個應用程式可透過下列的步驟使用。

① 點選「選取」按鈕，再選取「要載入的資料夾」。

② 以正規表示法，在「要搜尋的字串」欄位輸入要搜尋的字串。

③ 點選「執行」按鈕，顯示以正規表示法找到的文字檔（圖 5.15）。

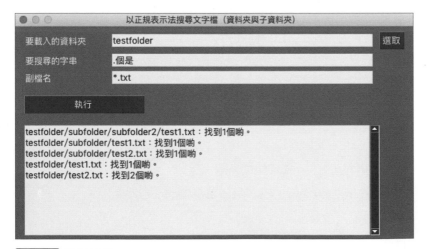

圖5.15 執行結果

④ 變更「副檔名」欄位的內容，就能搜尋副檔名非「txt」的文字檔。比方說，指定為「*.py」就能搜尋 Python 的程式檔（圖 5.16）。

以正規表示法搜尋文字檔（資料夾與子資料夾）

要載入的資料夾	testfolder	選取
要搜尋的字串	.個是	
副檔名	*.py	

執行

testfolder/test1.py：找到1個喲。

圖5.16 執行結果

就算只大概記得字串，也找到檔案了耶！

利用正規表示法置換文字檔：regreplace_texts

Recipe 5
Chapter 5

想解決這種問題！

在製作大量文字檔之後，發現有字寫錯！而且想將所有文字檔的「？個是」換成「那個是」。

有什麼方法可以解決呢？

如果讓電腦幫你執行那些例行公事，有什麼好處呢？應該先從這個部分開始思考。這個問題大致可得到下列的答案。

① 你告訴電腦要搜尋的資料夾、用於搜尋的正規表示法的字串、用於置換的文字以及轉存資料夾。

② 電腦根據你提供的資料夾，以正規表示法的方式搜尋與置換文字檔的內容，最後再將結果轉存至資料夾。

接著從電腦的立場看上述這兩個問題。從電腦的立場來看，主要可透過下列兩種處理解決問這兩個問題（圖 5.17）。

① 取得特定資料夾與子資料夾所有文字檔的名稱。

② 以正規表示法搜尋文字檔的內容，並在置換內容之後轉存檔案。

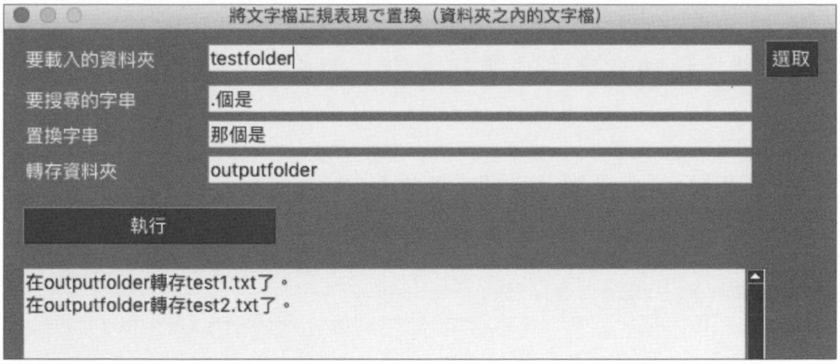

將文字檔正規表現で置換（資料夾之內的文字檔）

要載入的資料夾	testfolder	選取
要搜尋的字串	.個是	
置換字串	那個是	
轉存資料夾	outputfolder	

執行

在outputfolder轉存test1.txt了。
在outputfolder轉存test2.txt了。

圖 5.17 應用程式的完成圖

解決問題所需的命令？

接著讓我們想想解決問題需要哪些命令吧。

程式的基本架構為「置換文字檔」。

真正的問題在於「利用正規表示法搜尋與置換內容」的處理，但這部分可利用「結果 = re.sub（搜尋模式，用於置換的字串，要搜尋的字串）」命令完成。

接著讓我們一起試做**「利用正規表示法搜尋與置換的程式」**吧（程式 5.19）。這次要以正規表示法的**「這 . 是」**搜尋「這個是測試資料。」的字串，再將「這個是」換成「那個是」。

程式 5.19   chap5/test5_4.py

```
001  import re
002
003  text = " 這個是測試資料。"
004  word1 = ". 個是 "
005  word2 = " 那個是 "
006
007  print(" 置換前 :", text)
008  pattern = re.compile(word1)
009  text = re.sub(pattern, word2, text)
010  print(" 置換後 :", text)
```

第 1 行程式碼載入了 re 函式庫，**第 3 行程式碼**將「要搜尋的字串」放入變數 text，**第 4 ～ 5 行程式碼**則將「正規表示法的搜尋字串」與「用於置換的字串」放入變數 word1 與 word2。

第 7 行程式碼顯示了置換之前的字串，**第 8 行程式碼**則是根據 word1 建立搜尋模式。**第 9 行程式碼**根據搜尋模式搜尋 text，再於找到符合的字串之後，將該字串置換為 word2。**第 10 行程式碼**則顯示置換後的字串。

執行程式之後，會發現「這個是」被換成「那個是」。

執行結果
置換前 ： 這個是測試資料。
置換後 ： 那個是測試資料。

 ## 撰寫程式吧！

接著要利用上述的命令與手法撰寫，「**利用正規表示法搜尋與置換文字檔的字串，再轉存結果的程式（regreplace_texts.py）**」（程式 5.20）。「testfolder」的文字檔的「○個是」會換成「那個是」。

程式5.20	chap5/regreplace_texts.py

```
001   from pathlib import Path
002   import re
003
004   infolder = "testfolder"
005   value1 = ". 個是 "
006   value2 = " 那個是 "
007   value3 = "outputfolder"
008   ext = "*.txt"
009
010   #【函數：以正規表示法置換文字檔的內容】
```

```python
011  def replacefile(readfile, findword, newword, savefolder):
012      try:
013          msg = ""
014          ptn = re.compile(findword)              ——————— 建立搜尋模式
015          p1 = Path(readfile)                     ——————— 文字檔的
016          text = p1.read_text(encoding="UTF-8")   —— 載入文字
017          text = re.sub(ptn, newword, text)       ——————— 置換
018          savedir = Path(savefolder)
019          savedir.mkdir(exist_ok=True)            ——————— 建立轉存資料夾
020          filename = p1.name                      ——————— 使用這個檔案名稱
021          p2 = Path(savedir.joinpath(filename))   —— 建立新檔案
022          p2.write_text(text, encoding="UTF-8")   —— 轉存檔案
023          msg = " 在 " + savefolder+" 轉存 "+ filename + " 了。\n"
024          return msg
025      except:
026          return readfile + " : 程式執行失敗。"
027  #【函數：置換資料夾之內的文字檔】
028  def replacefiles(infolder, findword, newword, savefolder):
029      msg = ""
030      filelist = []
031      for p in Path(infolder).glob(ext):          ——————— 將這個資料夾的檔案
032          filelist.append(str(p))                 ——————— 新增至列表
033      for filename in sorted(filelist):           ——————— 再替每個檔案排序
034          msg += replacefile(filename, findword, newword, ↵
     savefolder)
035      return msg
036
037  #【執行函數】
```

```
038    msg = replacefiles(infolder, value1, value2, value3)
039    print(msg) ──────────────────────────────── 顯示結果
```

第 1 ～ 2 行程式碼載入了 pathlib 函式庫的 Path 與 re 函式庫。**第 4 ～ 8 行程式碼**將「要載入的資料夾名稱」放入變數 infolder，再將「副檔名」放入變數 text，以及將「要搜尋的字串」放入變數 value1，最後將「用於置換的字串」放入變數 value2，以及將「轉存資料夾的名稱」放入變數 value3。

第 11 ～ 26 行程式碼則是「利用正規表示法置換文字檔的函數（replacefile）」。**第 14 行程式碼**建立了搜尋模式。**第 15 ～ 16 行程式碼**載入了文字檔的文字。**第 17 行程式碼**將搜尋的字串換成要置換的字串。

第 18 ～ 19 行程式碼建立了轉存資料夾。**第 20 ～ 22 行程式碼**則將置換完畢的文字轉存為檔案，再放入轉存資料夾。**第 23 行程式碼**則是將轉存的檔案名稱新增至變數 msg。

第 28 ～ 35 行程式碼是「置換資料夾的文字檔的函數（replacefiles）」。**第 31 ～ 32 行程式碼**將資料夾的檔案列表新增至 filelist。**第 33 ～ 34 行程式碼**則是重新排序檔案列表，再調查每個檔案。

第 38 ～ 39 行程式碼執行了 replacefiles() 函數以及顯示執行結果。

執行這個程式之後，會轉存置換完畢的檔案，以及顯示該檔案的名稱。

執行結果

在 outputfolder 轉存 test1.txt 了。

在 outputfolder 轉存 test2.txt 了。

轉存的檔案都已置換完畢。

資料檔案　**outputfolder/test1.txt**

那個是測試檔案的第 1 列資料。ＡＢＣ

「全形１２・３」「全形Ａｂｃ！（＠）」「半形片假名」「圈圈數字①②③」「符號ha」

資料檔案　**outputfolder/test2.txt**

那個是測試檔案的第 1 列資料。ＡＢＣ

那個是測試檔案的第 2 列資料。ＤＥＦ

「全形１２‧３」「全形Ａｂｃ！（＠）」「半形片假名」「圈圈數字①②③」「符號ha」

 ## 轉換成應用程式！

接著要將這個 regreplace_texts.py 轉換成應用程式。

這個 regreplace_texts.py 會在選取「資料夾名稱」，以及在「要搜尋的字串」、「置換字串」與「轉存資料夾」輸入內容之後執行。應該可利用**「選取資料夾 +3 個輸入欄位的應用程式（範本 folder_input3.pyw）」**製作（圖 5.18、圖 5.19）。

選取資料夾+輸入欄位3個的應用程式
載入的資料夾　. 　選取
輸入欄位1　初始值1
輸入欄位2　初始值2
輸入欄位3　初始值3
執行
資料夾名稱＝. 輸入欄位的字串＝初始值1初始值2初始值3

圖5.18 要使用的範本：範本 folder_input3.pyw

以正規表示法置換文字檔（資料夾之內的文字檔）
要載入的資料夾　testfolder 　選取
要搜尋的字串　.個是
置換字串　那個是
轉存資料夾　outputfolder
執行
在outputfolder轉存test1.txt了。 在outputfolder轉存test2.txt了。

圖5.19 應用程式的完成圖

❶ 複製檔案「範本 folder_input3.pyw」，再將剛剛複製的檔案更名爲「regreplace_texts.pyw」。

接下來要複製與修正在「regreplace_texts.py」執行的程式。

❷ 新增要使用的函式庫（程式 5.21）。

程式 5.21	修正範本：1

```
001  #【1.import 函式庫】
002  from pathlib import Path
003  import re
```

❸ 修正顯示的內容與參數（程式 5.22）。

為了方便在任何環境下使用這個應用程式，在 infolder 的部分放入代表「目前資料夾」的「.」。

程式 5.22	修正範本：2

```
001  #【2. 設定於應用程式顯示的字串】
002  title = " 以正規表示法置換文字檔（資料夾之內的文字檔）"
003  infolder = "."
004  ext = "*.txt"
005  label1, value1 = " 要搜尋的字串 ", ". 個是 "
006  label2, value2 = " 置換字串 ", " 那個是 "
007  label3, value3 = " 轉存資料夾 ", "outputfolder"
```

❹ 置換函數（程式 5.23）。

程式 5.23	修正範本：3

```
001  #【3. 函數：以正規表示法置換文字檔的內容】
002  def replacefile(readfile, findword, newword, savefolder):
003      try:
004          msg = ""
```

```
005        ptn = re.compile(findword)──────────── 建立搜尋模式

006        p1 = Path(readfile)──────────────── 文字檔的

007        text = p1.read_text(encoding="UTF-8")──── 載入文字

008        text = re.sub(ptn, newword, text)──────── 置換

009        savedir = Path(savefolder)

010        savedir.mkdir(exist_ok=True)──────── 建立轉存資料夾

011        filename = p1.name──────────────── 使用這個檔案名稱

012        p2 = Path(savedir.joinpath(filename))── 建立新檔案

013        p2.write_text(text, encoding="UTF-8")── 轉存檔案

014        msg = " 在 " + savefolder+" 轉存 "+ filename + " 了。\n"

015        return msg

016    except:

017        return readfile + " : 程式執行失敗。"

018 #【3. 函數：置換資料夾之內的文字檔】

019 def replacefiles(infolder, findword, newword, savefolder):

020     msg = ""

021     filelist = []

022     for p in Path(infolder).glob(ext):────── 將這個資料夾的檔案

023         filelist.append(str(p))──────────── 新增至列表

024     for filename in sorted(filelist):──────── 再替每個檔案排序

025         msg += replacefile(filename, findword, newword, ⏎
    savefolder)

026     return msg
```

❺ 執行函數（程式 5.24）。

程式 5.24	修正範本：4

```
001   #【4. 執行函數】
002   msg = replacefiles(infolder, value1, value2, value3)
```

如此一來就大功告成了（regreplace_texts.pyw）。

這個應用程式可利用下列的步驟執行。

① 點選「選取」按鈕選取「要載入的資料夾」（若不選取，就會從這個程式檔的資料夾開始搜尋）。

② 在「要搜尋的字串」與「置換字串」輸入字串。

③ 在「轉存資料夾」輸入轉存資料夾的名稱（如果轉存資料夾不存在，就會新增資料夾；如果已經存在，就會在這個資料夾轉存）。

④ 點選「執行」按鈕就會以「正規表示法」搜尋資料夾之內的文字檔，並在置換字串之後，將結果轉存至轉存資料夾（圖 5.20）。

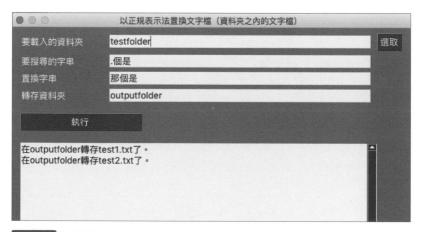

圖 5.20 執行結果

多個文字檔的字串都成功置換了喲！

180

讓文字檔 unicode 正規化：normalize_texts

 想解決這種問題！

> 雖然製作了很多個文字檔，但半形與全形的字元全混在一起！希望所有文字檔的「英數字或符號都能統一爲半形」，所有的「片假名都能統一爲全形片假名」，「圈圈數字① ② ③ 也都能統一爲半形數字」。

 有什麼方法可以解決呢？

如果讓電腦幫你執行那些例行公事，有什麼好處呢？應該先從這個部分開始思考。這個問題大致可得到下列的答案。

① 你告訴電腦要載入的資料夾與轉存檔案的資料夾。

② 電腦在載入資料夾之後，將其中文字檔的「全形英數字與符號轉換成半形字元」，將「半形片假名轉換成全形片假名」，最後將「圈圈數字① ② ③ 轉換成半形數字」，再將結果轉存至指定的資料夾。

接著讓我們從電腦的立場思考這個問題。從電腦的角度來看，大致可透過下列兩個處理解決問題（圖 5.21）。

① 取得載入的資料夾與子資料的所有文字檔檔案名稱。

② 將各文字檔的「全形英數字與符號轉換成半形字元」，以及將「半形片假名轉換成全形片假名」，最後將「圈圈數字① ② ③ 轉換成半形數字」，再將結果轉存至指定的資料夾。

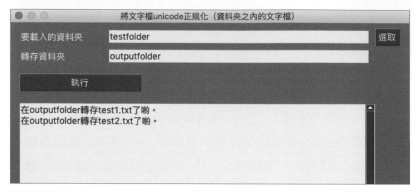

圖5.21 應用程式的完成圖

 ## 解決問題所需的命令？

接著讓我們想一想解決問題需要使用哪些命令。

①「取得載入的資料夾與子資料的所有文字檔檔案名稱」可利用 rglob() 命令完成。

問題在於②「修正與轉存各文字檔的內容」，而「全形英數字與符號轉換成半形字元」、「半形片假名轉換成全形片假名」與「圈圈數字① ② ③ 轉換成半形數字」的處理，稱為 unicode 正規化處理。電腦上的日文標記並不一致，所以要轉換成一致的格式。

載入 Python 標準函式庫內建的 unicodedata 函式庫，就能利用 normalize() 命令完成上述的轉換處理（語法 5.4）。

語法5.4　對文字進行 unicode 正規化處理

```
變數 = unicodedata.normalize("NFKC", 文字 )
```

這次的程式會以 NFKC（Normalization Form Compatibility Composition）的格式進行正規化處理。

比方說，讓我們試著撰寫「**執行 unicode 正規化的程式**」吧（程式 5.25）。這個程式的目標是「全形英數字與符號轉換成半形字元」、「半形片假名轉換成全形片假名」、「圈圈數字①②③轉換成半形數字」，以及「將ha這類單位符號轉換成全形片假名」。

程式 5.25	chap5/test5_5.py

```
001  import unicodedata
002
003  text = "「全形１２・３」「全形Ａｂｃ！（＠）」「半形片假名」↵
       「圈圈數字①②③」「符號㏊」"
004
005  print(" 轉換前 :", text)
006  text = unicodedata.normalize("NFKC", text)
007  print(" 轉換後 :", text)
```

第 1 行程式碼 載入了 unicodedata 函式庫，第 3 行程式碼 將「要搜尋的字串」放入變數 text，第 5 行程式碼 顯示了轉換前的字串，第 6 行程式碼 執行了 unicode 正規化處理，第 7 行程式碼 顯示了轉換後的字串。

執行程式之後，會發現文字都轉換了。

執行結果

> 轉換前 : 「全形１２・３」「全形Ａｂｃ！（＠）」「半形片假名」「圈圈數字①②③」「符號㏊」
>
> 轉換後 : 「全形12.3」「全形Abc!(@)」「半形片假名」「圈圈數字 123」「符號 ha」

 撰寫程式吧！

接著要利用上述的命令或手法撰寫「**對文字檔進行 unicode 正規化處理的程式（normalize_texts.py）**」（程式 5.26）。

```
001  from pathlib import Path
002  import unicodedata
003
004  infolder = "testfolder"
005  value1 = "outputfolder"
006  value2 = "*.txt"
007
008  #【函數：執行 unicode 正規化】
009  def normalizefile(readfile, savefolder):
010      try:
011          msg = ""
012          p1 = Path(readfile)                              將文字檔
013          text = p1.read_text(encoding="UTF-8")  —— 載入
014          text = unicodedata.normalize("NFKC", text)
         ——— 執行 unicode 正規化
015          savedir = Path(savefolder)
016          savedir.mkdir(exist_ok=True)—  建立轉存資料夾
017          filename = p1.name                     使用這個檔案名稱
018          p2 = Path(savedir.joinpath(filename))—— 建立新檔案
019          p2.write_text(text, encoding="UTF-8")—— 轉存檔案
020          msg = " 在 "+savefolder+" 轉存 "+ filename + " 了喲。\n"
021          return msg
022      except:
023          return readfile + " : 程式執行失敗。"
024  #【函數：對資料夾之內的文字檔執行 unicode 正規化】
025  def normalizefiles(infolder, savefolder, ext):
026      msg = ""
027      filelist = []
```

```
028        for p in Path(infolder).glob(ext):————— 將這個資料夾的檔案
029            filelist.append(str(p))————————— 新增至列表
030        for filename in sorted(filelist):————— 再替每個檔案排序
031            msg += normalizefile(filename, savefolder)
032        return msg
033
034    #【執行函數】
035    msg = normalizefiles(infolder, value1, value2)
036    print(msg)
```

第 1 ～ 2 行程式碼載入了 pathlib 函式庫的 Path 以及 unicodedata 函式庫。第 4 ～ 6 行程式碼將「要載入的資料夾名稱」放入變數 infolder，以及將「轉存資料夾的名稱」放入 value1，最後將「副檔名」放入 value2。

第 9 ～ 23 行程式碼是「針對文字檔進行 unicode 正規化的函數（normalizefile）」。第 12 ～ 13 行程式碼載入了文字檔的文字。第 14 行程式碼執行了 unicode 正規化處理。

第 15 ～ 16 行程式碼建立了轉存資料夾。第 17 ～ 19 行程式碼將置換之後的文字轉存至轉存資料夾。第 20 行程式碼則將轉存之後的檔案名稱新增至變數 msg。

第 25 ～ 32 行程式碼是「針對資料夾的文字檔執行 unicode 正規化處理的函數（normalizefiles）。第 28 ～ 29 行程式碼是將資料夾的檔案列表新增至 filelist。第 30 ～ 31 行程式碼則是替檔案列表重新排序，以及對每個文字檔執行 normalizefile() 函數。

第 35 ～ 36 行程式碼則是執行 normalizefiles() 函數與顯示執行結果。

執行這個程式之後，會轉存經過 unicode 正規化處理的檔案以及顯示該檔案的名稱。

在 outputfolder 轉存 test1.txt 了喲。

在 outputfolder 轉存 test2.txt 了喲。

轉存的檔案都接受過 unicode 正規化處理。

| 資料檔案 | outputfolder/test1.txt |

這個是測試檔案的第 1 列資料。ＡＢＣ

「全形１２・３」「全形Ａｂｃ！（＠）」「半形片假名」「圈圈數字①②③」「符號ha」

| 資料檔案 | outputfolder/test2.txt |

這個是測試檔案的第 1 列資料。ＡＢＣ

這個是測試檔案的第 2 列資料。ＤＥＦ

「全形１２・３」「全形Ａｂｃ！（＠）」「半形片假名」「圈圈數字①②③」「符號ha」

 轉換成應用程式！

接著要將這個 normalize_texts.py 轉換成應用程式。

這個 normalize_texts.py 會在「選取資料夾」，輸入「轉存資料夾名稱」之後執行，所以應該可利用**「選取資料夾 +1 個輸入欄位（範本 folder_input1.pyw）」**的範本製作（圖 5.22、圖 5.23）。

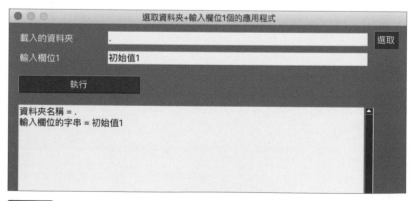

圖 5.22 要使用的範本：範本 folder_input1.pyw

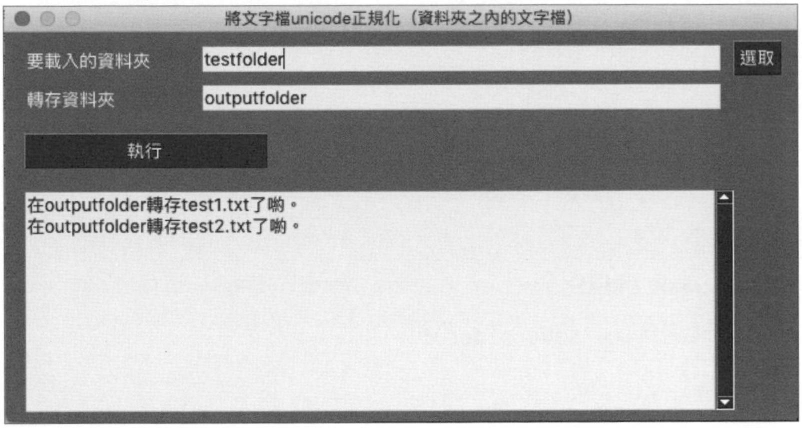

圖 5.23　應用程式的完成圖

❶ 複製檔案「範本 folder_input1.pyw」，再將剛剛複製的檔案更名為「normalize_texts.pyw」。

接著要複製與修正在「normalize_texts.py」執行的程式。

❷ 追加要使用的函式庫（程式 5.27）。

程式5.27	修正範本：1

```
001   #【1.import 函式庫】
002   from pathlib import Path
003   import unicodedata
```

❸ 修正顯示的內容與參數（程式 5.28）。

為了方便在任何環境下使用這個應用程式，在 infolder 的部分放入代表「目前資料夾」的「.」。

程式5.28	修正範本：2

```
001   #【2. 設定於應用程式顯示的字串】
002   title = " 將文字檔 unicode 正規化（資料夾之內的文字檔）"
003   infolder = "."
```

```
004    label1, value1 = " 轉存資料夾 ", "outputfolder"

005    label2, value2 = " 副檔名 ", "*.txt"
```

❹ 置換函數（程式 5.29）。

<table><tr><td>程式5.29</td><td>修正範本：3</td></tr></table>

```
001    #【3. 函數：執行 unicode 正規化】

002    def normalizefile(readfile, savefolder):

003        try:

004            msg = ""

005            p1 = Path(readfile)──────────────── 將文字檔

006            text = p1.read_text(encoding="UTF-8")── 載入

007            text = unicodedata.normalize("NFKC", text)
       ────── 執行 unicode 正規化

008            savedir = Path(savefolder)

009            savedir.mkdir(exist_ok=True)── 建立轉存資料夾

010            filename = p1.name──────────── 使用這個檔案名稱

011            p2 = Path(savedir.joinpath(filename))── 建立新檔案

012            p2.write_text(text, encoding="UTF-8")── 轉存檔案

013            msg = " 在 "+savefolder+" 轉存 "+ filename + " 了喲。\n"

014            return msg

015        except:

016            return readfile + "：程式執行失敗。"

017    #【3. 函數：對資料夾之內的文字檔執行 unicode 正規化】

018    def normalizefiles(infolder, savefolder, ext):

019        msg = ""

020        filelist = []

021        for p in Path(infolder).glob(ext):──── 將這個資料夾的檔案

022            filelist.append(str(p))──────────── 新增至列表
```

```
023    for filename in sorted(filelist):─── 再替每個檔案排序
024        msg += normalizefile(filename, savefolder)
025    return msg
```

❺ 執行函數（程式 5.30）。

程式5.30	修正範本：4

```
001  #【4. 執行函數】
002  msg = normalizefiles(infolder, value1, value2)
```

如此一來就大功告成了（normalize_texts.pyw）。

這個應用程式可透過下列的步驟執行。

①點選「選取」，選擇「要載入的資料夾」（不選取的話，會取得程式碼檔案的資料夾以及子資料的所有檔案）。

②在「轉存資料夾」輸入轉存資料夾的名稱（如果轉存資料夾不存在，就會新增資料夾；如果已經存在，就會在這個資料夾轉存）。

③點選「執行」按鈕，就會在載入資料夾之後，針對該資料夾與子資料夾的文字檔進行 unicode 正規化處理，再將檔案轉存至指定的資料夾（圖 5.24）。

圖 5.24 執行結果

文字的種類統一了！

6

PDF 檔案的搜尋

Recipe 1
Chapter 6

從 PDF 檔案擷取文字

■ 載入 PDF 檔案的函式庫

PDF（Portable Document Format）是一種能原封不動地儲存文字、圖形及表格的檔案格式，而且在任何硬體或是作業系統都能以相同的版面顯示，所以這種方便閱讀的檔案格式也常見製作商業文件、說明書、申請書、明細表以及各種文件使用。

PDF 是 Adobe 開發的電子文件規格，雖然方便好用，但有時會因為某些安全性設定而無法編輯，一般人也很難處理檔案的內容。

要從這種 PDF 檔案擷取文字，可使用 pdfminer.six 函式庫的 extract_text 命令（圖 6.1）。

※ 要注意的是，有些 PDF 比較複雜，格式也不一致，就有可能無法順利擷取文字，或是擷取下來的文字是亂碼。此外，已設定密碼的 PDF 也無法擷取。

圖6.1　pdfminer.six 函式庫

https://pypi.org/project/pdfminer.six/

※ Python 函式庫的網站有可能會顯示另外的數值。

pdfminer.six 函式庫不是 Python 的標準函式庫，所以必須手動安裝。基本上只要使用 pip 命令安裝即可，但如果電腦安裝了很多套 Python，這套函式庫有可能會在錯誤的 Python 環境安裝。

要在 IDLE 的環境下安裝的話，在 Windows 的環境可先啟動「命令提示字元」應用程式，macOS 則可先啟動「終端機」應用程式，再執行下列的命令安裝（語法6.1、語法 6.2）。之後可利用「pip list」命令確認 pdfminer.six 是否安裝完成。

語法6.1 　**安裝 pdfminer.six 函式庫（Windows）**

```
py -m pip install pdfminer.six

py -m pip list
```

語法6.2 　**安裝 pdfminer.six 函式庫（macOS）**

```
python3 -m pip install pdfminer.six

python3 -m pip list
```

如此一來就能載入函式庫與使用命令。此外，只需要執行 pdfminer.six 的 high_level 的 extract_text() 命令就能擷取文字，所以可仿照語法 6.3 的方式載入命令。

語法6.3 　**從 pdfminer.six 載入 extract_text**

```
from pdfminer.high_level import extract_text
```

接下來要稍微了解一下 pdfminer.six 函式庫的 extract_text 的使用方法。這次要示範的是「從 PDF 檔案擷取文字的程式」。

首先要準備測試所需的 PDF 檔案。也可以直接從 P.10 的 URL 下載範例檔，再使用其中的 chap6/test.pdf（圖 6.2）。如果要使用自行準備的檔案，請變更程式 6.1 的第 3 行程式碼的檔案名稱。程式 6.1 會載入這個檔案。

> 這個是測試檔案的第 1 行內容。ABC
>
> 那個是測試檔案的第 2 行內容。DEF
>
> 那個是測試檔案的第 3 行內容。XYZ

圖6.2 範例：test.pdf

※ 這一章會使用正規表示法，所以才故意將範例檔的內容寫成「這個」「那個」「那個」。

程式6.1 chap6/test6_1.py

```
001  from pdfminer.high_level import extract_text
002
003  infile = "test.pdf"
004  try:
005      text = extract_text(infile)— 擷取文字
006      print(text)
007  except:
008      print(" 程式執行失敗 ")
```

第 1 行程式碼載入了 pdfminer.six 函式庫的 extract_text。**第 3 行程式碼**將「要載入的檔案名稱」放入變數 infile，**第 5 ～ 6 行程式碼**則是擷取與顯示文字。

執行這個程式之後，會顯示 PDF 的文字。

執行結果

這個是測試檔案的第 1 行內容。Ａ Ｂ Ｃ
那個是測試檔案的第 2 行內容。Ｄ Ｅ Ｆ
那個是測試檔案的第 3 行內容。Ｘ Ｙ Ｚ

電腦環境、PDF 檔案的格式、插入圖案與表格方法，都會導致執行結果顯示內文之外的文字。

請先準備下面這種**測試專用的 PDF 檔案**。可以直接從 P.10 的 URL 下載範例檔，再使用其中的 chap6/sample.pdf（圖 6.3）。

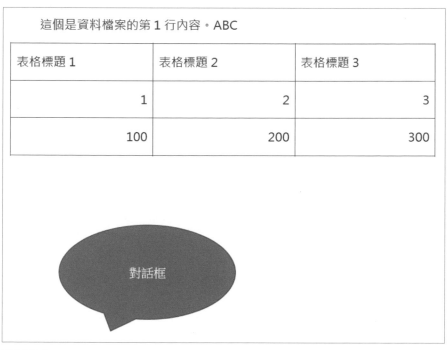

這個是資料檔案的第 1 行內容。ABC

表格標題 1	表格標題 2	表格標題 3
1	2	3
100	200	300

對話框

圖6.3 範例檔：sample.pdf

變更 infile 的檔案名稱再執行程式（程式 6.2）。

程式6.2 變更 infile 的檔案名稱

```
001   infile = "sample.pdf"
```

如此一來，會只擷取文字的部分（實際上會插入許多換行字元）。

執行結果

這個是資料檔案的第 1 行內容。ABC

表格標題 1

表格標題 2

表格標題 3

1

100

2

200

3

300

對話框

接下來讓我們透過上述的方法，解決 PDF 檔案的相關問題吧。

Recipe 2
Chapter 6

搜尋 PDF 檔案：
find_PDFs

 ## 想解決這種問題！

 我不小心忘記了檔案名稱，我把檔案存成 PDF，但是我只記得「好像使用了某個字串」而已

 ## 有什麼方法可以解決呢？

這與第 5 章的「**搜尋文字檔的程式**（find_texts.py）」可說是完全一樣，差別只在這次處理的是「PDF 檔案」而不是「文字檔」（圖 6.4）。

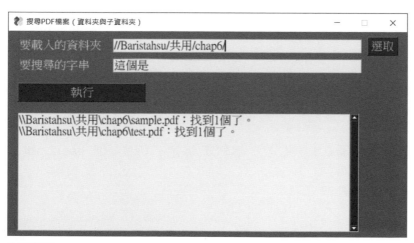

圖 6.4 應用程式的完成圖

換言之，就是將**「從文字檔載入文字」**的處理（程式 6.3），改成**「從 PDF 檔案擷取文字的處理」**（程式 6.4）而已。

程式6.3　變更前：從文字檔載入文字的處理

```
001    p = Path(readfile)
002    text = p.read_text(encoding="UTF-8")
```

程式6.4　變更後：從 PDF 檔載入文字的處理

```
001    text = extract_text(readfile)
```

在開始撰寫程式之前，請先如圖 6.5 所示的**階層結構建立測試專用的資料夾**（testfolder）（結構不一定要完全一致）。也可以從 P.10 的網址下載範例檔，再使用其中的 chap6/testfoler **資料夾**。

圖6.5　資料夾結構

```
[testfolder]
├ test1.pdf
├ test2.pdf
├ test3.pdf
└ [subfolder]
   ├ test1.pdf
   └ test2.pdf
```

範例檔如圖 6.6、圖 6.7、圖 6.8 準備了 3 種 PDF 檔案（test1.pdf、test2.pdf、test3.pdf）。

這個是測試檔案的第 1 行內容。ABC

圖6.6 範例檔：test1.pdf

這個是測試檔案的第 1 行內容。ABC

那個是測試檔案的第 2 行內容。DEF

圖6.7 範例檔：test2.pdf

這個是測試檔案的第 1 行內容。ABC

那個是測試檔案的第 2 行內容。DEF

那個是測試檔案的第 3 行內容。XYZ

圖6.8 範例檔：test3.pdf

 撰寫程式吧！

接著就讓我們修正第 5 章的「**搜尋文字檔的程式**（find_texts.py）」，製作「**搜尋 PDF 檔的程式**（find_PDFs.py）」吧。

❶ 複製檔案「find_texts.py」，再將剛剛複製的檔案更名爲「find_PDFs.py」。

❷ 在第 2 行新增下列的 import 句（程式 6.5）。

程式6.5 追加 import 句

```
001    from pdfminer.high_level import extract_text
```

❸ 將第 6 行程式碼修改成載入 PDF 的內容（程式 6.6）。

程式6.6	修正爲載入 PDF 的內容

```
001   value2 = "*.pdf"
```

❹ 將第 12 ～ 13 行的「載入文字處理」（程式 6.7）變更爲「從 PDF 載入文字的處理」（程式 6.8）。

程式6.7	變更前

```
001       p = Path(readfile)
002       text = p.read_text(encoding="UTF-8")
```

程式6.8	變更後

```
001       text = extract_text(readfile)
```

如此一來就大功告成了（find_PDFs.py）。

執行這個程式之後，會搜尋 testfolder 與子資料的 PDF 檔案。

執行結果

```
testfolder/subfolder/test1.pdf：找到 1 個了。

testfolder/subfolder/test2.pdf：找到 1 個了。

testfolder/test1.pdf：找到 1 個了。

testfolder/test2.pdf：找到 1 個了。

testfolder/test3.pdf：找到 1 個了。
```

應用程式的部分也要以修正第 5 章的「**搜尋文字檔的應用程式（find_texts. pyw）**」的方式製作（圖 6.9）。

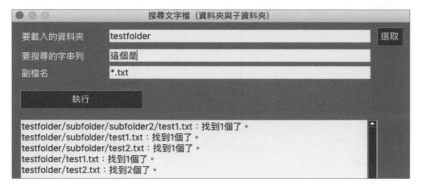

圖6.9 使用的應用程式：find_texts.pyw

❶ 複製第 5 章的檔案「find_texts.pyw」，再將剛剛複製的檔案更名爲「find_PDFs. pyw」。

接著要複製與修正在「find_PDFs.py」執行的程式。

❷ 在第 5 行程式碼追加下列的 import 句（程式 6.9）。

程式6.9	追加 import 句
001	`from pdfminer.high_level import extract_text`

❸ 變更第 8 ～ 11 行程式碼的顯示內容與參數（程式 6.10）。

程式6.10	變更顯示的內容與參數
001	`title = " 搜尋 PDF 檔案（資料夾與子資料夾）"`
002	`infolder = "."`
003	`label1, value1 = " 要搜尋的字串 ", " 這個是 "`
004	`label2, value2 = " 副檔名 ", "*.pdf"`

❹ 將第 17 ～ 18 行程式碼的「載入文字處理」（程式 6.11）變更爲「從 PDF 載入文字的處理」（程式 6.12）。

程式6.11	變更前
001	`p = Path(readfile)`
002	`text = p.read_text(encoding="UTF-8")`

程式6.12	變更後

```
001              text = extract_text(readfile)
```

❺ 由於 PDF 的副檔名為「pdf」，所以可刪除第 37 行程式碼（程式 6.13），與第 47 行程式碼（程式 6.14）的副檔名輸入欄位。

程式6.13	刪除副檔名的輸入欄位

```
001   value2 = values["input2"]
```

程式6.14	刪除副檔名的輸入欄位

```
001              [sg.Text(label2, size=(14,1)), sg.Input(value2, ⏎
      key="input2")],
```

如此一來就大功告成了（find_PDFs.pyw）。這個應用程式可透過下列的步驟使用。

① 點選「選取」，選取「要載入的資料夾」（不選取的話，就會在這個程式檔案的資料夾搜尋）。

② 在「要搜尋的字串」輸入要搜尋的字串。

③ 點選「執行」按鈕，就會顯示內含要搜尋的字串的 PDF 檔案（圖 6.10）。

圖6.10	執行結果

找到包含特定字串的 PDF 檔案了！

202

以正規表示法搜尋 PDF 檔案：regfind_PDFs

Recipe 3 Chapter 6

想解決這種問題！

我又不小心忘記 PDF 的檔案名稱了，而且只依稀記得在文字檔使用了「某個字串」，該怎麼辦啊？

解決問題所需的命令？

這裡需要的程式與第 5 章的「**利用正規表示法搜尋文字檔的程式（regfind_texts. py）**」如出一轍。差別只在要操作的檔案是「PDF 檔」不是「文字檔」（圖 6.11）。

```
PDF檔案を正規表現で検索（資料夾與子資料夾）          —   □   ×

要載入的資料夾    testfolder                              選取
要搜尋的字串      .個是

      執行

testfolder\subfolder\test1.pdf：找到1個了。
testfolder\subfolder\test2.pdf：找到2個了。
testfolder\test1.pdf：找到1個了。
testfolder\test2.pdf：找到2個了。
testfolder\test3.pdf：找到3個了。
```

圖 6.11 應用程式的完成圖

6

PDF 檔案的搜尋

換言之，這次一樣要將「**從文字檔載入文字的處理（程式 6.15）**」，改造成從 PDF 檔案擷取文字的處理（程式 6.16）。

程式6.15	變更前：從文字檔載入文字的處理

```
001  p = Path(readfile)
002  text = p.read_text(encoding="UTF-8")
```

程式6.16	變更後：從 PDF 檔案擷取文字的處理

```
001  text = extract_text(readfile)
```

 ## 撰寫程式吧！

接著要將第 5 章的「利用正規表示法搜尋文字檔的程式（regfind_texts.py）」，
修正成「利用正規表示法搜尋 PDF 檔案的程式（regfind_PDFs.py）」。

❶ 複製檔案「regfind_texts.py」，再將剛剛複製的檔案更名為「regfind_PDFs.py」，然後修正這個檔案的內容。

❷ 在第 3 行程式碼新增下列的 import 句（程式 6.17）。

程式6.17	追加 import 句

```
001  from pdfminer.high_level import extract_text
```

❸ 將第 7 行程式碼修正為載入 PDF 的內容（程式 6.18）。

程式6.18	修正為載入 PDF 的內容

```
001  value2 = "*.pdf"
```

❹ 將第 14 ～ 15 行程式碼的「載入文字的處理」（程式 6.19），變更為「從 PDF 載入文字的處理」（程式 6.20）。

程式6.19	變更前

```
001          p = Path(readfile)
002          text = p.read_text(encoding="UTF-8")
```

程式6.20	變更後
001	text = extract_text(readfile)

如此一來就大功告成了（regfind_PDFs.py）。

執行這個程式之後，就會搜尋 testfolder 與子資料夾的 PDF 檔案。

執行結果

testfolder/subfolder/test1.pdf：找到 1 個了。

testfolder/subfolder/test2.pdf：找到 2 個了。

testfolder/test1.pdf：找到 1 個了。

testfolder/test2.pdf：找到 2 個了。

testfolder/test3.pdf：找到 3 個了。

 轉換成應用程式！

應用程式的部分也要根據「利用正規表示法搜尋文字檔的應用程式（regfind_texts. pyw）」製作（圖 6.12）。

圖6.12 要使用的程式：regfind_texts.py

❶ 複製檔案「regfind_texts.pyw」，再將剛剛複製的檔案更名爲「regfind_PDFs.pyw」。

接著要複製與修正在「regfind_PDFs.py」執行的程式。

❷ 在第 6 行程式碼新增下列的 import 句（程式 6.21）。

程式6.21	追加 import 句

```
001    from pdfminer.high_level import extract_text
```

❸ 修正第 9 ～ 12 行程式碼的顯示內容與參數（程式 6.22）。

程式6.22	變更顯示的內容與參數

```
001    title = " 利用正規表示法搜尋 PDF 檔案（資料夾與子資料夾）"
002    infolder = "."
003    label1, value1 = " 要搜尋的字串 ", ". 個是 "
004    label2, value2 = " 副檔名 ", "*.pdf"
```

❹ 將第 19 ～ 20 行程式碼的「載入文字處理」（程式 6.23），變更爲「從 PDF 載入文字的處理」（程式 6.24）。

程式6.23	變更前

```
001        p = Path(readfile)
002        text = p.read_text(encoding="UTF-8")
```

程式6.24	變更後

```
001        text = extract_text(readfile)
```

❺ 由於 PDF 的副檔名爲「pdf」，所以可刪除第 39 行程式碼（程式 6.25），與第 49 行程式碼（程式 6.26）的副檔名輸入欄位。

程式6.25	刪除副檔名的輸入欄位

```
001    value2 = values["input2"]
```

```
001          [sg.Text(label2, size=(14,1)),sg.Input(value2, ↵
      key="input2")],
```

如此一來就大功告成了（regfind_PDF.pyw）。

這個應用程式可透過下列的步驟執行。

① 點選「選取」，選擇「要載入的資料夾」（不選取的話，會取得程式碼檔案的資料夾以及子資料的所有檔案）。

② 在「要搜尋的字串」以正規表示法輸入要搜尋的字串。

③ 點選「執行」按鈕，就會顯示包含該特定字串的 PDF 檔案（圖 6.13）。

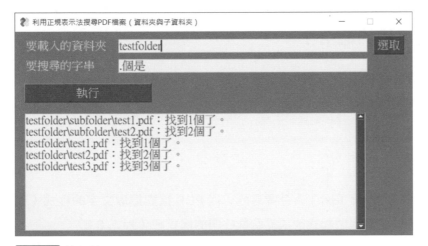

圖6.13 執行結果

就算記得的字串很零碎，也能找到包含該字串的 PDF 檔了！

擷取與儲存 PDF 檔案的文字：extractText_PDF

Recipe **4** Chapter 6

想解決這種問題！

想擷取這個 PDF 檔案的文字，但是開啟 PDF 檔案再擷取又很麻煩

解決問題所需的命令？

這就是「從 PDF 檔案擷取文字」的問題對吧？從 PDF 檔案擷取文字的處理可使用 extract_text() 命令撰寫。

撰寫程式吧！

而且我們已經有使用 extract_text() 命令撰寫的「**從 PDF 檔案擷取文字的程式（程式 6.1）**」，讓我們試著將這個程式改成從函數呼叫的程式吧（程式 6.27）。

程式6.27	chap6/extractText_PDF.py

```
001  from pathlib import Path
002  from pdfminer.high_level import extract_text
003
004  infile = "test.pdf"
005
```

```
006   #【函數：從 PDF 檔案擷取 Text】

007   def extracttext(readfile):

008       try:

009           text = extract_text(readfile)

010           return text

011       except:

012           return readfile + " : 程式執行失敗。"

013

014   #【執行函數】

015   msg = extracttext(infile)

016   print(msg)
```

第 1～2 行程式碼載入了 pathlib 函式庫的 Path 與 pdfminer.six 函式庫的 extract_text，第 4 行程式碼將「要載入的檔案名稱」放入變數 infile。

第 7～12 行程式碼是「從 PDF 檔案擷取文字的函數（extracttext）」，第 9 行程式碼則是從 PDF 檔案擷取文字的內容。第 12 行程式碼則是在發生錯誤之際執行的命令。

執行這個程式之後，會載入文字檔與顯示文字檔的內容。

執行結果

這個是測試檔案的第 1 行內容。A B C
那個是測試檔案的第 2 行內容。D E F
那個是測試檔案的第 3 行內容。X Y Z

轉換成應用程式！

接著要將這個 extractText_PDF.py 轉換成應用程式。

這個 extractText_PDF.py 會在選取「檔案名稱」之後執行，所以可利用「選取檔案的應用程式（範本 file.pyw）」製作（圖 6.14、圖 6.15）。

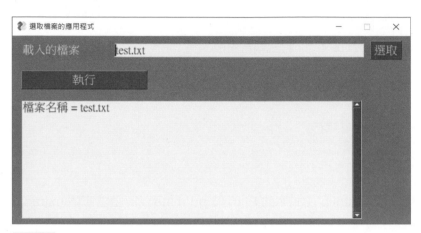

圖6.14 要使用的範本：範本 file.pyw

圖6.15 應用程式的完成圖

❶ 複製檔案「範本 file.pyw」，再將剛剛複製的檔案更名為「extractText_PDF.pyw」。

接著要複製與修正在「extractText_PDF.py」執行的程式。

❷ 追加新增的函式庫（程式 6.28）。

程式 6.28	修正範本：1

```
001    #【1. import 函式庫】
002    from pathlib import Path
003    from pdfminer.high_level import extract_text
```

❸ 修正顯示的內容與參數（程式 6.29）。

程式 6.29	修正範本：2

```
001    #【2. 設定於應用程式顯示的字串】
002    title = " 從 PDF 擷取文字 "
003    infile = "test.pdf"
```

❹ 置換函數（程式 6.30）。

程式 6.30	修正範本：3

```
001    #【3. 函數：從 PDF 檔案擷取 Text 函數】
002    def extracttext(readfile):
003      try:
004        text = extract_text(readfile)
005        return text
006      except:
007        return readfile + " : 程式執行失敗。"
```

❺ 執行函數（程式 6.31）。

程式 6.31	修正範本：4

```
001    #【4. 執行函數】
002        msg = extracttext(infile)
```

如此一來，就大功告成了（extractText_PDF.pyw）。

這個程式可透過下列的步驟使用。

①點選「選取」再選取 PDF 檔案。

②點選「執行」就會顯示 PDF 檔案的文字（圖 6.16）。

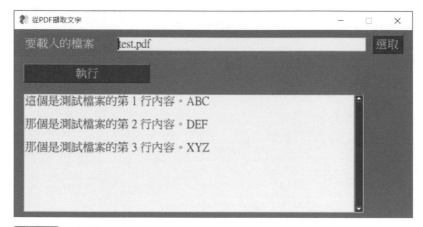

圖 6.16 執行結果

可以從 PDF 檔案擷取文字了！

7

Word 檔案的
搜尋與置換

讀寫 Word 檔案

Recipe 1
Chapter 7

載入 Word 檔的函式庫

要載入或編輯 Word 檔（docx 檔）的時候，可使用**外部函式庫**的 python-docx 函式庫（圖 7.1）。

圖7.1　python-docx 函式庫

https://pypi.org/project/python-docx/

※ Python 函式庫的網站有可能會顯示另外的數值。

python-docx 函式庫不是標準函式庫，所以必須手動安裝。基本上只需要使用 pip 命令安裝，但如果電腦已經安裝了不同版本的 Python，有可能會在錯誤的 Pyton 環境安裝這個外部函式庫。

要在 IDLE 的環境安裝的話，Windows 可先啟動「命令提示字元」應用程式，macOS 可先啟動「終端機」應用程式，再分別執行語法 7.1、語法 7.2 的命令完成安裝。之後可利用「pip list」命令確認 python-docx 是否成功安裝。

語法7.1 安裝 python-docx 函式庫（Windows）

```
py -m pip install python-docx

py -m pip list
```

語法7.2 安裝 python-docx 函式庫（macOS）

```
python3 -m pip install python-docx

python3 -m pip list
```

如此一來就能在載入函式庫之後使用這個命令。基本上，只需要使用 python-docx 的 Document() 命令就能載入 Word 檔，所以可透過語法 7.3 載入函式庫。

語法7.3 只載入 python-docx 的 Document

```
from docx import Document
```

接著讓我們一起稍微了解一下這個 python-docx 函式庫的使用方法。要載入 Word 檔案就要先了解「Word 檔案的結構」（圖 7.2）。

Word 檔案的內文會整理成「**段落（Paragraph）**」這種區塊，而多個段落可組成完整的內文。

所以要從 Word 檔擷取文字時，必須依照「取得檔案之中的所有段落（Paragraph），再取得文字」的步驟進行。

此外，Word 檔也可以插入表格，而這種表格都是整理為「**表（Table）**」這種區塊。由於可插入多個表，所以 Word 檔是由「**多個段落與多個表**」組成。雖然還有其他的元素，但從「搜尋字串」這點來看，這次的重點在段落與表。

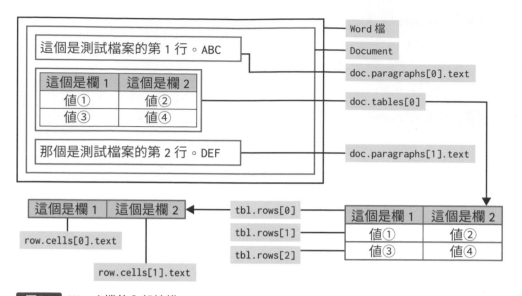

圖7.2 Word 檔的內部結構

首先利用語法 7.4 的命令載入 Word 檔。

語法7.4 載入 Word 檔

doc = Document(檔案名稱)

由於這個 doc 有很多個段落,所以要依照段落的數量決定 for 迴圈的執行次數,取得所有段落的文字(語法 7.5)。

語法7.5 取得段落的文字

```
for pa in doc.paragraphs:
        print(pa.text)
```

此外,doc 也有很多個表,所以可依照表的數量決定 for 迴圈的執行次數,取得所有的表資料。要注意的是,每張表(tbl)都有很多資料,所以要先取得列(row),再取得各儲存格(cell)與儲存格的文字(cell.text),就能取得表資料(語法 7.6)。

語法 7.6	取得表資料

```
for tbl in doc.tables:
    for row in tbl.rows:
        for cell in row.cells:
            print(cell.text)
```

只要使用上述的語法就能擷取「Word 檔的文字」。接著就讓我們試著撰寫「**從 Word 擷取文字的程式**」吧。

第一步要先準備**放了一些文字的測試專用 Word 檔**，也可以先從 P.10 的網址下載範例檔，再使用其中的 chap7/test.docx **檔案**（圖 7.3）；如果要使用自行準備的檔案，請變更程式 7.1 的第 3 行程式碼檔案名稱。程式 7.1 會載入這個檔案再進行相關的處理。

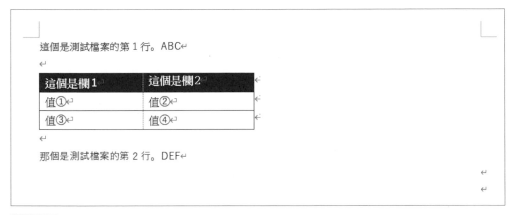

圖 7.3 範例檔：test.docx

※ 這次要以正規表示法搜尋，所以才故意在範例檔使用「這個是」「那個是」「那個是」的詞彙。

程式 7.1 為「**從 Word 檔擷取文字的程式**」。

程式 7.1	chap7/test7_1.py

```
001   from docx import Document
002
003   infile = "test.docx"
```

```
004    try:
005        doc = Document(infile)
006        for pa in doc.paragraphs:——————— 所有段落
007            print("paragraph----")
008            print(pa.text)
009        for tbl in doc.tables:——————— 所有表
010            print("table----")
011            for row in tbl.rows:
012                print("row----")
013                for cell in row.cells:
014                    print(cell.text)
015    except:
016        print(" 程式執行失敗。")
```

第 1 行程式碼載入了 python-docx 函式庫的 Document，**第 3 行程式碼**將要載入的檔案名稱放入變數 infile，**第 5 行程式碼**載入了 Word 檔案的文件。

第 6 ～ 8 行程式碼顯示了所有段落的文字，也顯示了每個段落的間隔。**第 9 ～ 14 行程式碼**顯示了所有表的儲存格文字，也顯示了每張表的間隔。

執行這個程式之後，會顯示 Word 檔的文字，而空白的段落會是只換行，沒有內容的段落。

執行結果

```
paragraph----
這個是測試檔案的第 1 行。ABC
paragraph----


paragraph----
```

```
paragraph----

那個是測試檔案的第 2 行。DEF

paragraph----


table----

row----

這個是欄 1

這個是欄 2

row----

值①

值②

row----

值③

值④
```

接著要根據這個程式製作「Word **檔案是否含有特定字串的程式**」（程式 7.2），
也就是搜尋「所有段落」與「所有表」是否含有「特定字串」。

程式7.2	chap7/test7_2.py

```
001   from docx import Document

002

003   infile = "test.docx"

004   value1 = " 這個是 "

005

006   try:

007       doc = Document(infile)

008       cnt = 0
```

```
009      for pa in doc.paragraphs:————— 所有段落
010          cnt += pa.text.count(value1)
011      for tbl in doc.tables:————— 所有表
012          for row in tbl.rows:
013              for cell in row.cells:
014                  cnt += cell.text.count(value1)
015      print(" 找到 "+str(cnt)+" 個了。")
016  except:
017      print(" 程式執行失敗。")
```

第 1 行程式碼載入了 python-docx 函式庫的 Document。**第 3 ～ 4 行程式碼**將「要載入的檔案名稱」放入變數 infile，再將「要搜尋的字串」放入 value1。**第 7 行程式碼**則是載入 Word 文件。**第 8 行程式碼**則是將 0 指定給計算找到幾個結果的變數 cnt，藉此初始化變數 cnt。

第 9 ～ 10 行程式碼搜尋所有段落的文字，**第 11 ～ 14 行程式碼**搜尋所有表的儲存格，**第 15 行程式碼**顯示結果。

執行程式之後，會知道找到 3 個結果（內文 1 個、表 2 個）。

執行結果

找到 3 個了。

python-docx 函式庫也可以轉存編輯完畢的 Word 檔（語法 7.7）。

語法7.7　將 doc 轉存為 Word 檔

```
doc.save( 檔案名稱 )
```

接著要根據這個語法撰寫**「轉存載入的 Word 檔程式」**（程式 7.3）。

程式 7.3	chap7/test7_3.py

```
001  from docx import Document
002
003  infile = "test.docx"
004  value1 = "output.docx"
005  try:
006      doc = Document(infile)
007      doc.save(value1)
008  except:
009      print(" 程式執行失敗。")
```

第 1 行程式碼載入了 python-docx 函式庫的 Document，**第 3 ～ 4 行程式碼**將「要載入的檔案名稱」放入變數 infile，再將「要轉存的檔案名稱」放入 value1。**第 6 行程式碼**載入了 Word 文件。**第 7 行程式碼**轉存了載入的文件。執行這個程式之後，test.docx 就會轉存為內容完全相同的 output.docx（圖 7.4）。

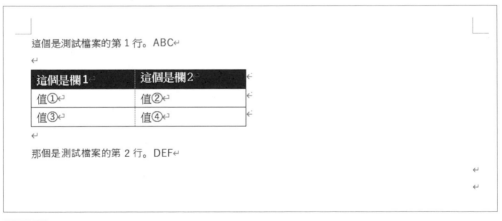

圖 7.4 執行結果

※ 大部分內容簡單的 Word 檔都可以轉存，但是當 Word 檔的內容與格式比較複雜，就有可能無法順利轉存字型或文字裝飾這類設定。轉存之後，務必確認是否正確地轉存成功。

接著要根據上述的命令與方法，解決 Word 檔的相關問題。

搜尋 Word 檔案：find_Words

Recipe 2　Chapter 7

想解決這種問題！

我忘記 Word 檔的檔案名稱了！只依稀記得文件之中有「某段特定字串」，卻忘記是哪個文件了。

有什麼方法可以解決呢？

這與第 5 章「**搜尋文字檔的程式（find_texts.py）**」是完全一樣的問題，差別只在要處理的檔案從「文字檔」換成「Word 檔」（圖 7.5）。

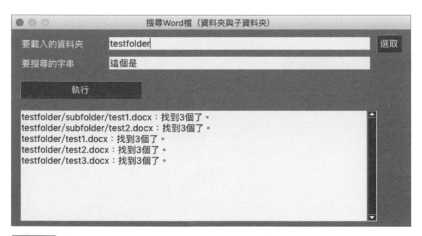

圖 7.5 應用程式的完成圖

換言之，就是**將載入文字檔再搜尋的處理（程式 7.4）**，改寫成**載入 Word 檔再搜尋的處理（程式 7.5）**。

程式7.4	變更前：載入文字檔再搜尋的處理

```
001    p = Path(readfile)
002    text = p.read_text(encoding="UTF-8")
003    cnt = text.count(findword)
```

程式7.5	變更後：載入 Word 檔再搜尋的處理

```
001    doc = Document(readfile)
002    cnt = 0
003    for pa in doc.paragraphs:
004        cnt += pa.text.count(value1)
005    for tbl in doc.tables:
006        for row in tbl.rows:
007                for cell in row.cells:
008                    cnt += cell.text.count(value1)
```

在撰寫程式之前，請先依照圖7.6所示的**階層結構建立測試專用資料夾**（testfolder）（只用於測試，所以不需要完全相同）。也可以先從 P.10 的網址下載，再使用其中的 chap7/testfolder **資料夾**。

圖7.6	資料夾結構

```
[testfolder]
├ test1.docx
├ test2.docx
├ test3.docx
```

```
└ [subfolder]
    ├ test1.docx
    └ test2.docx
```

範例資料夾準備了圖 7.7、圖 7.8、圖 7.9 這三種 Word 檔（test1.docx、test2. docx、test3.docx）。

圖7.7 範例檔：test1.docx

圖7.8 範例檔：test2.docx

這個是測試檔案的第 1 行。ABC↵
那個是測試檔案的第 2 行。DEF↵
那個是測試檔案的第 3 行。XYZ↵
「全形１２．３」「全形Ａｂｃ！（@）」「半形假名」「圈圈數字①②③」「符號ha」↵
↵

這個是欄 1	這個是欄 2	
值①↵	值②↵	↵
值③↵	值④↵	↵

↵
↵

圖 7.9 範例檔：test3.docx

 ## 撰寫程式吧！

接著要將第 5 章 Recipe 2 的「**搜尋文字檔的程式（find_texts.py）**」，改寫成「**搜尋 Word 檔的程式（find_Words.py）**」。

❶ 複製檔案「find_texts.py」，再將剛剛複製的檔案更名為「find_Words.py」。之後要修正這個檔案的內容。

❷ 在第 2 行程式碼新增下列的 import 句（程式 7.6）。

程式 7.6 追加 import 句

```
001    from docx import Document
```

❸ 將第 6 行程式碼修改成載入 docx 的內容（程式 7.7）。

程式 7.7 修正為載入 docx 的內容

```
001    value2 = "*.docx"
```

❹ 將第 12 ～ 14 行程式碼的「載入文字再搜尋的處理」（程式 7.8），改寫成「從 Word 檔載入文字再搜尋的處理」（程式 7.9）。

程式7.8	變更前
001	`p = Path(readfile)`
002	`text = p.read_text(encoding="UTF-8")`
003	`cnt = text.count(findword)`

程式7.9	變更後
001	`doc = Document(readfile)`
002	`cnt = 0`
003	`for pa in doc.paragraphs:`
004	`    cnt += pa.text.count(value1)`
005	`for tbl in doc.tables:`
006	`    for row in tbl.rows:`
007	`        for cell in row.cells:`
008	`            cnt += cell.text.count(value1)`

如此一來就大功告成了（find_Words.py）。

執行這個程式之後，會在每個檔案各發現 3 個字串（內文 1 個、表 2 個）。

執行結果
testfolder/subfolder/test1.docx：找到 3 個了。
testfolder/subfolder/test2.docx：找到 3 個了。
testfolder/test1.docx：找到 3 個了。
testfolder/test2.docx：找到 3 個了。
testfolder/test3.docx：找到 3 個了。

轉換成應用程式！

應用程式的部分也要利用第 5 章 Recipe 2 的「搜尋文字檔的應用程式（find_texts.pyw）」製作（圖 7.10）。

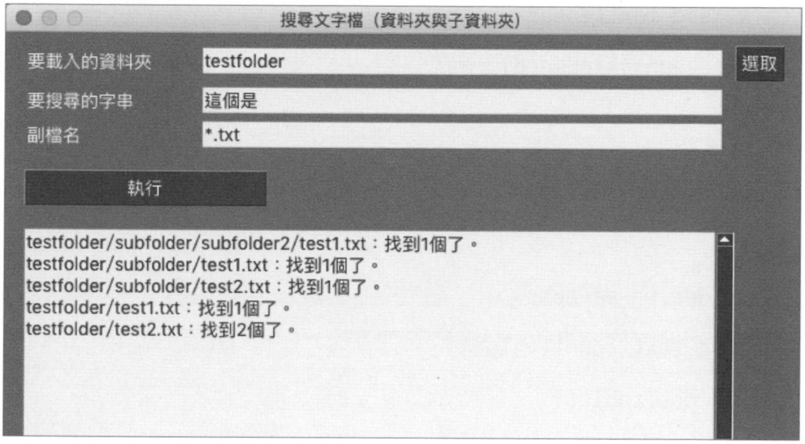

● ● ●	搜尋文字檔（資料夾與子資料夾）		

要載入的資料夾　testfolder　　　　　　　　　　　　　選取

要搜尋的字串　這個是

副檔名　　　　*.txt

執行

testfolder/subfolder/subfolder2/test1.txt：找到1個了。
testfolder/subfolder/test1.txt：找到1個了。
testfolder/subfolder/test2.txt：找到1個了。
testfolder/test1.txt：找到1個了。
testfolder/test2.txt：找到2個了。

圖 7.10 要使用的應用程式：find_texts.pyw

❶ 複製第 5 章的檔案「find_texts.pyw」，再將剛剛複製的檔案更名為「find_Words.pyw」。

接著要複製與修正在「find_Words.py」執行的程式。

❷ 在第 5 行程式碼新增下列的 import 句（程式 7.10）。

程式 7.10 追加 import 句

```
001   from docx import Document
```

❸ 變更第 8 ～ 11 行程式碼的顯示內容或參數（程式 7.11）。

程式 7.11 變更顯示內容或參數

```
001   title = " 搜尋 Word 檔（資料夾與子資料夾）"
002   infolder = "."
003   label1, value1 = " 要搜尋的字串 ", " 這個是 "
004   label2, value2 = " 副檔名 ", "*.docx"
```

❹ 將第 17 ～ 19 行程式碼的「載入文字再搜尋的處理」（程式 7.12），改寫成「從 Word 檔載入文字再搜尋的處理」（程式 7.13）。

程式 7.12	變更前

```
001          p = Path(readfile)
002          text = p.read_text(encoding="UTF-8")
003          cnt = text.count(findword)
```

程式 7.13	變更後

```
001          doc = Document(readfile)
002          cnt = 0
003          for pa in doc.paragraphs:
004              cnt += pa.text.count(value1)
005          for tbl in doc.tables:
006              for row in tbl.rows:
007                  for cell in row.cells:
008                      cnt += cell.text.count(value1)
```

❺ Word 檔的副檔名一定是「docx」，所以刪除第 43 行程式碼（程式 7.14），與第 52 行程式碼（程式 7.15）的副檔名輸入欄位。

程式 7.14	刪除副檔名輸入欄位

```
001   value2 = values["input2"]
```

程式 7.15	刪除副檔名輸入欄位

```
001          [sg.Text(label2, size=(12,1)), sg.Input(value2,
      key="input2")],
```

如此一來就大功告成了（find_Words.pyw）。

這個應用程式可透過下列的步驟使用。

① 點選「選取」，選取「要載入的資料夾」（不選取的話，就會在這個程式檔案的資料夾搜尋）。

② 在「要搜尋的字串」輸入要搜尋的字串。

③ 點選「執行」按鈕，就會顯示內含要搜尋字串的 Word 檔（圖 7.11）。

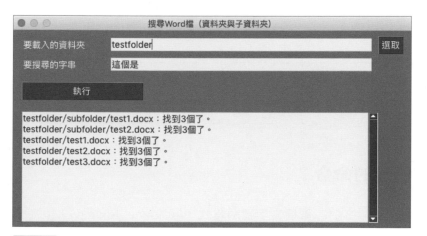

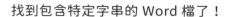 執行結果

找到包含特定字串的 Word 檔了！

置換 Word 檔案：replace_Words

Recipe 3　Chapter 7

想解決這種問題！

新增了很多 Word 檔之後，發現有個字眼用錯了！希望將所有 Word 檔的「這個是」換成「那個是」，到底該怎麼做啊？

解決問題所需的命令？

這個問題與第 5 章 Recipe 3 的「**置換文字檔的程式（reploace_texts.py）**」完全一樣，差別只在要處理的檔案從「文字檔」換成「Word 檔」而已（圖 7.12）。

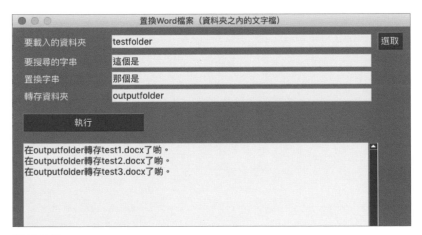

圖 7.12 應用程式的完成圖

也就是說，要將**載入文字檔再置換的處理**（程式 7.16），改寫成**載入 Word 檔再置換段落與表的處理**（程式 7.17）。

程式7.16 變更前：載入文字檔再置換的處理

```
001   p1 = Path(readfile)
002   text = p1.read_text(encoding="UTF-8")
003   text = text.replace(findword, newword)
```

程式7.17 變更後：載入 Word 檔再置換段落與表的處理

```
001   doc = Document(readfile)
002   for pa in doc.paragraphs:
003       pa.text = pa.text.replace(findword, newword)
004   for tbl in doc.tables:
005       for row in tbl.rows:
006           for cell in row.cells:
007               cell.text = cell.text.replace(findword, newword)
```

由於這次要寫的程式是「置換之後再轉存檔案的程式」，所以得使用程式 7.3 的 doc.save() 命令執行「轉存 Word 檔處理」，也就是要將**轉存文字檔的處理**（程式 7.18），改寫成**轉存 Word 檔案的處理**（程式 7.19）。

程式7.18 變更前：轉存文字檔的處理

```
001   filename = p1.name
002   p2 = Path(savedir.joinpath(filename))
003   p2.write_text(text)
```

程式7.19 變更後：轉存 Word 檔的處理

```
001   filename = Path(readfile).name
002   newname = savedir.joinpath(filename)
003   doc.save(newname)
```

如此一來，「置換 Word 檔再轉存」的處理就寫好了。

撰寫程式吧！

接下來要將第 5 章的 Recipe 3 的「**置換文字檔的程式（replace_texts.py）**」改寫成「**置換 Word 檔的程式（replace_Words.py）**」。

❶ 複製第 5 章的檔案「replace_texts.py」，再將剛剛複製的檔案更名為「replace_Words.py」。接下來要修正這個檔案的內容。

❷ 在第 2 行程式碼新增下列的 import 句（程式 7.20）。

程式 7.20	新增 import 句

```
001   from docx import Document
```

❸ 將第 8 行程式碼改寫成載入 Word 檔（副檔名為 docx）的內容（程式 7.21）。

程式 7.21	改寫成載入 docx 的內容

```
001       ext = "*.docx"
```

❹ 將第 14 ～ 16 行的「載入文字再置換的處理」（程式 7.22），改寫成「從 Word 檔載入文字再置換段落與表的處理」（程式 7.23）。

程式 7.22	變更前

```
001       p1 = Path(readfile)
002       text = p1.read_text(encoding="UTF-8")
003       text = text.replace(findword, newword)
```

程式 7.23	變更後

```
001       doc = Document(readfile)
002       for pa in doc.paragraphs:
003           pa.text = pa.text.replace(findword, newword)
004       for tbl in doc.tables:
005           for row in tbl.rows:
```

```
006                    for cell in row.cells:
007                        cell.text = cell.text.replace ↵
      (findword, newword)
```

❺ 將第 23 ~ 25 行程式碼的「轉存文字檔的處理」（程式 7.24），改寫成「轉存 Word 檔的處理」（程式 7.25）。

程式7.24	變更前

```
001        filename = p1.name
002        p2 = Path(savedir.joinpath(filename))
003        p2.write_text(text, encoding="UTF-8")
```

程式7.25	變更後

```
001        filename = Path(readfile).name
002        newname = savedir.joinpath(filename)
003        doc.save(newname)
```

如此一來就大功告成了（replace_Words.py）。

執行這個程式之後，就會在置換內容之後轉存檔案。

執行結果

在 outputfolder 轉存 test1.docx 了喲。

在 outputfolder 轉存 test2.docx 了喲。

在 outputfolder 轉存 test3.docx 了喲。

 轉換成應用程式！

應用程式的部分也要利用第 5 章 Recipe 3 的「**置換文字檔的應用程式（replace_ texts.pyw）**」製作（圖 7.13）。

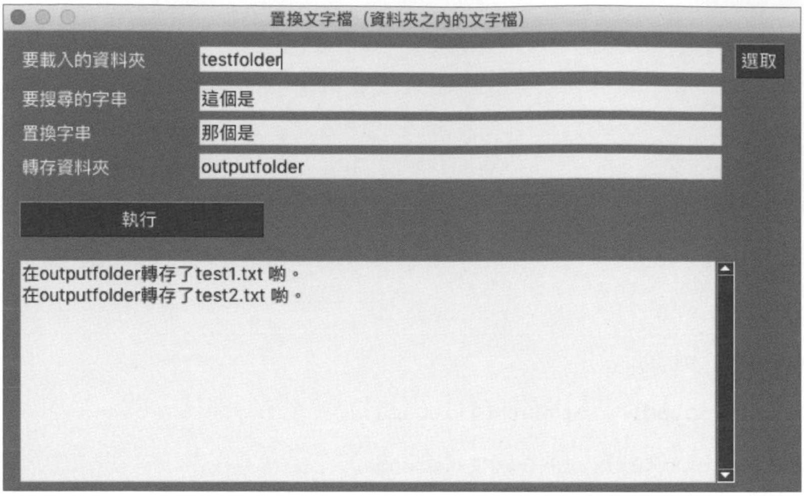

圖 7.13 要使用的應用程式：replace_texts.pyw

❶ 複製檔案「replace_texts.pyw」，再將剛剛複製的檔案更名為「replace_Words.pyw」。

接下來要複製與修改在「replace_Woords.py」執行的程式。

❷ 在第 5 行程式碼新增下列的 import 句（程式 7.26）。

程式 7.26 　新增 import 句

```
001    from docx import Document
```

❸ 變更第 8 ～ 13 行程式碼的顯示內容與參數（程式 7.27）。

程式 7.27 　變更顯示內容與參數

```
001    title = " 置換 Word 檔案（資料夾之內的文字檔）"
002    infolder = "."
003    label1, value1 = " 要搜尋的字串 ", " 這個是 "
004    label2, value2 = " 置換字串 ", " 那個是 "
005    label3, value3 = " 轉存資料夾 ", "outputfolder"
006    ext = "*.docx"
```

❹ 將第 19 ～ 21 行程式碼的「載入文字再置換的處理」（程式 7.28），改寫成「從 Word 檔載入文字，再置換段落與表的處理」（程式 7.29）。

程式 7.28	變更前

```
001    p1 = Path(readfile)
002    text = p1.read_text(encoding="UTF-8")
003    text = text.replace(findword, newword)
```

程式 7.29	變更後

```
001    doc = Document(readfile)
002    for pa in doc.paragraphs:
003      pa.text = pa.text.replace(findword, newword)
004    for tbl in doc.tables:
005      for row in tbl.rows:
006        for cell in row.cells:
007          cell.text = cell.text.replace(findword, newword)
```

❺ 將第 28 ～ 30 行程式碼的「轉存文字檔的處理」（程式 7.30），改寫成「轉存 Word 檔案的處理」（程式 7.31）。

程式 7.30	變更前

```
001    filename = p1.name
002    p2 = Path(savedir.joinpath(filename))
003    p2.write_text(text, encoding="UTF-8")
```

程式 7.31	變更後

```
001    filename = Path(readfile).name
002    newname = savedir.joinpath(filename)
003    doc.save(newname)
```

如此一來就大功告成了（replace_Words.pyw）。

這個應用程式可透過下列的步驟使用。

① 點選「選取」按鈕,選擇「要載入的資料夾」。

② 在「要搜尋的字串」與「置換字串」輸入內容。

③ 在「轉存資料夾」輸入轉存資料夾的名稱。

④ 點選「執行」按鈕之後,會載入資料夾,再置換該資料夾的 Word 檔文字,最後
　 轉存至轉存資料夾(圖 7.14)。

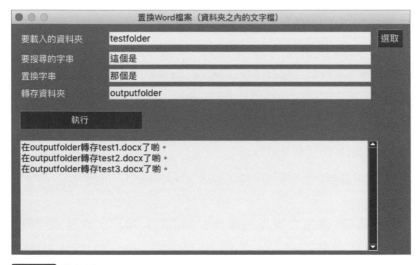

圖 7.14 執行結果

置換 Word 檔的字串了唷!

以正規表示法搜尋 Word 檔案：regfind_Words

Recipe **4**
Chapter 7

想解決這種問題！

> 我又忘記 Word 的檔案名稱了，而且只依稀記得「使用了某種字串」，該怎麼辦啊？

解決問題所需的命令？

這個問題與本章 Recipe 2 的「**搜尋 Word 檔案的程式（find_Words.py）**」幾乎完全一樣，差別只在「一般的搜尋方式」換成「以正規表示法搜尋的方式」。

換言之，就是將**搜尋 Word 檔的處理**（程式 7.32），改寫成**以正規表示法搜尋Word 檔的處理**（程式 7.33）。

程式7.32	變更前：搜尋 Word 檔的處理
001	`doc = Document(readfile)`
002	`cnt = 0`
003	`for pa in doc.paragraphs:`
004	`    cnt += pa.text.count(value1)`
005	`for tbl in doc.tables:`
006	`    for row in tbl.rows:`
007	`        for cell in row.cells:`
008	`            cnt += cell.text.count(value1)`

```
001        ptn = re.compile(findword)
002        doc = Document(readfile)
003        cnt = 0
004        for pa in doc.paragraphs:
005            cnt += len(re.findall(ptn, pa.text))
006        for tbl in doc.tables:
007            for row in tbl.rows:
008                for cell in row.cells:
009                    cnt += len(re.findall(ptn, cell.text))
```

 撰寫程式吧！

接下來要將本章 Recipe 2 的「搜尋 Word 檔（find_Words.py）」，改寫成「以正規表示法搜尋 Word 檔（regfind_Words.py）」。

❶ 複製檔案「find_Words.py」，再將剛剛複製的檔案更名為「regfind_Words.py」。接下來要修正這個檔案的內容。

❷ 在第 3 行程式碼新增下列的 import 句（程式 7.34）。

程式7.34　新增 import 句

```
001    import re
```

❸ 變更第 5 ～ 7 行程式碼的顯示內容或參數（程式 7.35）。

程式7.35　變更顯示內容或參數

```
001    infolder = "testfolder"
002    value1 = ". 個是 "
003    value2 = "*.docx"
```

❹ 將第 13 行程式碼之後的「載入 Word 檔案再搜尋的處理」（程式 7.36），改寫成
「載入 Word 檔再以正規表示法搜尋的處理」（程式 7.37）。

程式7.36	變更前

```
001    doc = Document(readfile)
002    cnt = 0
003    for pa in doc.paragraphs:
004      cnt += pa.text.count(value1)
005    for tbl in doc.tables:
006      for row in tbl.rows:
007        for cell in row.cells:
008          cnt += cell.text.count(value1)
```

程式7.37	變更後

```
001    ptn = re.compile(findword)
002    doc = Document(readfile)
003    cnt = 0
004    for pa in doc.paragraphs:
005      cnt += len(re.findall(ptn, pa.text))
006    for tbl in doc.tables:
007      for row in tbl.rows:
008        for cell in row.cells:
009          cnt += len(re.findall(ptn, cell.text))
```

如此一來就大功告成了（regfind_Words.py）。

執行這個程式之後，會顯示搜尋過的 Word 檔案。由於是以「. 個是」搜尋，所以
「這個是」「那個是」「那個是」都是符合條件的結果。在 test1.docx 會找到 3
個，test2.docx 會找到 4 個，在 test3.docx 會找到 5 個。

執行結果

testfolder/subfolder/test1.docx：找到 3 個了。
testfolder/subfolder/test2.docx：找到 4 個了。
testfolder/test1.docx：找到 3 個了。
testfolder/test2.docx：找到 4 個了。
testfolder/test3.docx：找到 5 個了。

 轉換成應用程式！

應用程式的部分也要利用本章 Recipe 2 的「**搜尋 Word 檔的應用程式**（find_ Words.pyw）」製作（圖 7.15）。

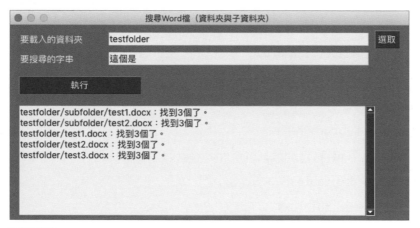

圖 7.15　要使用的應用程式：find_Words.pyw

❶ 複製檔案「find_Words.pyw」，再將剛剛複製的檔案更名爲「regfind_Words. pyw」。

接著要複製與修正這個在「regfind_Words.py」執行的程式。

❷ 在第 6 行程式碼新增下列的 import 句（程式 7.38）。

程式 **7.38** | 新增 import 句

```
001   import re
```

❸ 變更第 9 ～ 12 行程式碼的顯示內容與參數（程式 7.39）。

程式 **7.39** | 變更顯示內容或參數

```
001   title = "以正規表示法搜尋 Word 檔案（資料夾與子資料夾）"
002   infolder = "."
003   label1, value1 = "要搜尋的字串", ". 個是 "
004   label2, value2 = "副檔名 ", "*.docx"
```

❹ 將第 18 行程式碼之後的「載入 Word 檔再搜尋的處理」（程式 7.40），改寫成「載入 Word 檔再以正規表示法搜尋的處理」（程式 7.41）。

程式 **7.40** | 變更前

```
001       doc = Document(readfile)
002       cnt = 0
003       for pa in doc.paragraphs:
004         cnt += pa.text.count(value1)
005       for tbl in doc.tables:
006         for row in tbl.rows:
007           for cell in row.cells:
008             cnt += cell.text.count(value1)
```

程式 **7.41** | 變更後

```
001       ptn = re.compile(findword)
002       doc = Document(readfile)
003       cnt = 0
004       for pa in doc.paragraphs:
```

```
005                cnt += len(re.findall(ptn, pa.text))
006          for tbl in doc.tables:
007              for row in tbl.rows:
008                  for cell in row.cells:
009                      cnt += len(re.findall(ptn, cell.text))
```

如此一來就大功告成了（regfind_Words.pyw）

這個應用程式可利用下列的步驟執行。

① 點選「選取」按鈕，選取「要載入的資料夾」。

② 在「要搜尋的字串」以正規表示法輸入要搜尋的字串。

③ 點選「執行」按鈕，就會顯示含有指定字串的 Word 檔案（圖 7.16）。

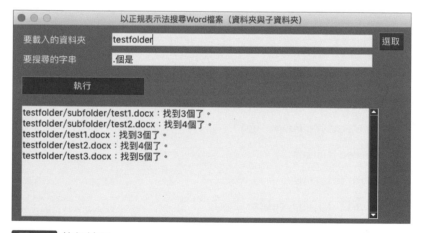

圖 7.16 執行結果

雖然只記得片面的字串，但還是找到 Word 檔了喲！

以正規表示法置換 Word 檔案：regreplace_Words

Recipe **5** Chapter 7

想解決這種問題！

我存了一堆 Word 檔才發現自己寫錯字！我想將所有 Word 檔的「？個是」置換成「那個是」，到底該怎麼辦呢？

解決問題所需的命令？

這個問題與本章 Recipe 3 的「**置換 Word 檔的程式（replace_Words.py）**」幾乎一樣。不同的是，從「一般的搜尋方式」換成「以正規表示法搜尋的方式」。

換言之，要將**置換 Word 檔的處理**（程式 7.42），改寫成以**正規表示法置換 Word 檔案的處理**（程式 7.43）。

程式7.42	變更前：置換 Word 檔案的處理

```
001    doc = Document(readfile)
002    for pa in doc.paragraphs:
003        pa.text = pa.text.replace(findword, newword)
004    for tbl in doc.tables:
005        for row in tbl.rows:
006            for cell in row.cells:
007                cell.text = cell.text.replace ↵
    (findword, newword)
```

程式 7.43	變更後：以正規表示法置換 Word 檔的處理
001	ptn = re.compile(findword)
002	doc = Document(readfile)
003	for pa in doc.paragraphs:
004	pa.text = re.sub(ptn, newword, pa.text)
005	for tbl in doc.tables:
006	for row in tbl.rows:
007	for cell in row.cells:
008	cell.text = re.sub(ptn, newword, cell.text)

 ## 撰寫程式吧！

接著要將本章 Recipe 3 的「**置換 Word 檔的程式（replace_Words.py）**」，改寫成「**以正規表示法置換 Word 檔的程式（regreplace_Words.py）**」。

❶ 複製檔案「replace_Words.py」，再將剛剛複製的檔案更名為「regreplace_Words.py」。

❷ 在第 3 行程式碼新增下列的 import 句（程式 7.44）。

程式 7.44	新增 import 句
001	import re

❸ 將第 6 行程式碼修正為正規表示法的字串（程式 7.45）。

程式 7.45	修正為正規表示法的字串
001	value1 = ". 個是 "

❹ 將第 15 行程式碼之後的「載入 Word 檔再搜尋的處理」（程式 7.46），改寫成「載入 Word 檔再以正規表示法搜尋的處理」（程式 7.47）。

程式 7.46	變更前

```
001    doc = Document(readfile)
002    for pa in doc.paragraphs:
003        pa.text = pa.text.replace(findword, newword)
004    for tbl in doc.tables:
005        for row in tbl.rows:
006            for cell in row.cells:
007                cell.text = cell.text.replace(findword, ↵
newword)
```

程式 7.47	變更後

```
001    ptn = re.compile(findword)
002    doc = Document(readfile)
003    for pa in doc.paragraphs:
004        pa.text = re.sub(ptn, newword, pa.text)
005    for tbl in doc.tables:
006        for row in tbl.rows:
007            for cell in row.cells:
008                cell.text = re.sub(ptn, newword, cell.text)
```

如此一來就大功告成了（regreplace_Words.py）。

執行這個程式之後，會轉存置換了字串的檔案，以及顯示這些檔案的名稱。

執行結果

在 outputfolder 轉存 test1.docx 了喲。

在 outputfolder 轉存 test2.docx 了喲。

在 outputfolder 轉存 test3.docx 了喲。

轉存的檔案的「？個是」都換成「那個是」了（圖 7.17、圖 7.18、圖 7.19）。

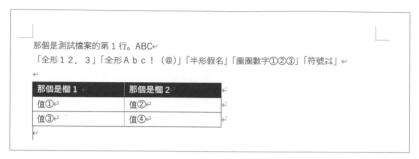

那個是測試檔案的第 1 行。ABC↵
「全形１２．３」「全形Ａｂｃ！（@)」「半形假名」「圈圈數字①②③」「符號㌶」↵

那個是欄 1	那個是欄 2
值①	值②
值③	值④

圖 7.17 執行結果：test1.docx

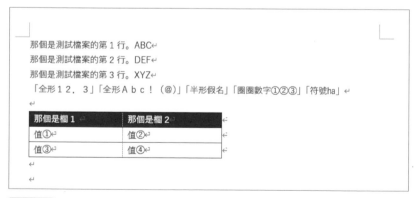

那個是測試檔案的第 1 行。ABC↵
那個是測試檔案的第 2 行。DEF↵
「全形１２．３」「全形Ａｂｃ！（@)」「半形假名」「圈圈數字①②③」「符號ha」↵

那個是欄 1	那個是欄 2
值①	值②
值③	值④

圖 7.18 執行結果：test2.docx

那個是測試檔案的第 1 行。ABC↵
那個是測試檔案的第 2 行。DEF↵
那個是測試檔案的第 3 行。XYZ↵
「全形１２．３」「全形Ａｂｃ！（@)」「半形假名」「圈圈數字①②③」「符號ha」↵

那個是欄 1	那個是欄 2
值①	值②
值③	值④

圖 7.19 執行結果：test3.docx

轉換成應用程式！

應用程式的部分也要利用本章 Recipe 3 的「置換 Word 檔的應用程式（replace_Words.pyw）」製作（圖 7.20）。

置換Word檔案（資料夾之內的文字檔）	
要載入的資料夾　testfolder	選取
要搜尋的字串　這個是	
置換字串　那個是	
轉存資料夾　outputfolder	
執行	
在outputfolder轉存test1.docx了喲。 在outputfolder轉存test2.docx了喲。 在outputfolder轉存test3.docx了喲。	

圖7.20 要使用的應用程式：replace_Words.pyw

❶ 複製檔案「replace_Words.pyw」，再將剛剛複製的檔案更名爲「regreplace_Words.pyw」。

接著要複製與修正在「regreplace_Words.py」執行的程式。

❷ 在第 6 行程式碼新增下列的 import 句（程式 7.48）。

程式7.48	新增 import 句
001	import re

❸ 變更第 9 ～ 14 行程式碼的顯示內容與參數（程式 7.49）。

程式7.49	變更顯示內容或參數
001	title = " 以正規表示法搜尋 Word 檔案（資料夾之內的文字檔）"
002	infolder = "."
003	label1, value1 = " 要搜尋的字串 ", ". 個是 "
004	label2, value2 = " 置換字串 ", " 那個是 "

```
005    label3, value3 = " 轉存資料夾 ", "outputfolder"
006    ext = "*.docx"
```

❹ 將第 20 行程式碼之後的「載入 Word 檔再搜尋的處理」（程式 7.50），改寫成「載入 Word 檔再以正規表示法搜尋的處理」（程式 7.51）。

程式 7.50	變更前

```
001        doc = Document(readfile)
002        for pa in doc.paragraphs:
003            pa.text = pa.text.replace(findword, newword)
004        for tbl in doc.tables:
005            for row in tbl.rows:
006                for cell in row.cells:
007                    cell.text = cell.text.replace(findword, newword)
```

程式 7.51	變更後

```
001        ptn = re.compile(findword)
002        doc = Document(readfile)
003        for pa in doc.paragraphs:
004            pa.text = re.sub(ptn, newword, pa.text)
005        for tbl in doc.tables:
006            for row in tbl.rows:
007                for cell in row.cells:
008                    cell.text = re.sub(ptn, newword, cell.text)
```

如此一來就大功告成了（regreplace_Words.pyw）。

這個應用程式可透過下列的步驟使用。

① 點選「選取」，再選取「要載入的資料夾」（若不選取，就會從這個程式碼檔案的資料夾開始搜尋）。

② 在「要搜尋的字串」與「置換字串」輸入內容。

③ 在「轉存資料夾」輸入轉存資料夾的名稱。

④ 點選「執行」按鈕，就會載入資料夾，再以正規表示法搜尋該資料夾之中的 Word 檔案，接著根據特定的字串置換，再將檔案轉存至轉存資料夾（圖 7.21）。

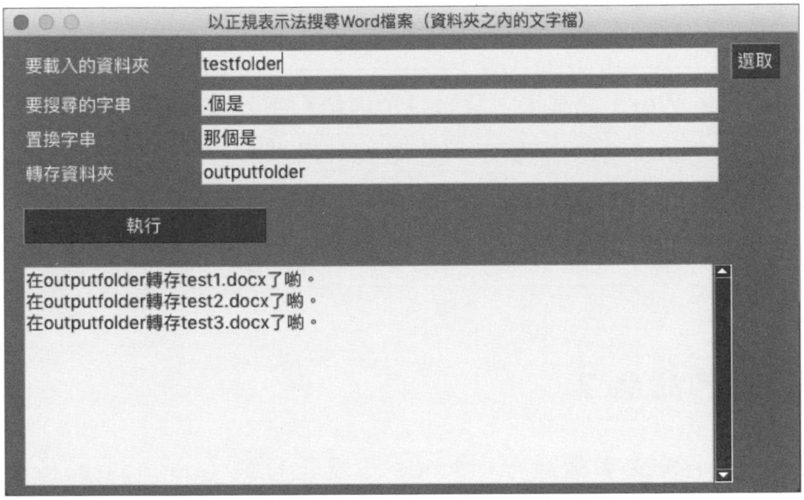

以正規表示法搜尋Word檔案（資料夾之內的文字檔）

要載入的資料夾	testfolder	選取
要搜尋的字串	.個是	
置換字串	那個是	
轉存資料夾	outputfolder	

執行

在outputfolder轉存test1.docx了唷。
在outputfolder轉存test2.docx了唷。
在outputfolder轉存test3.docx了唷。

圖7.21 執行結果

一口氣置換了所有 Word 檔的字串了！

對 Word 檔案進行 unicode 正規化處理：normalize_Words

Recipe **6** Chapter 7

想解決這種問題！

我製作了很多 Word 檔案，才發現半形與全形字元全混在一起！我希望讓所有 Word 檔的「英數字與符號統一爲半形」、「半形假名統一爲全形假名」，「圈圈數字 ① ② ③ 也都能統一爲半形數字」，到底該怎麼做呢？

解決問題所需的命令？

這與第 5 章 Recipe 6 的「**對文字檔進行 unicode 正規化程式（normalize_text. py）**」幾乎是一樣的問題，差別只在要載入的檔案從「文字檔」換成「Word 檔」而已（圖 7.22）。

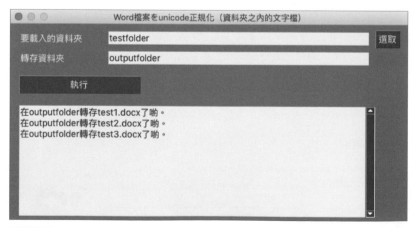

圖 7.22 應用程式的完成圖

也就是要將**載入文字檔再進行 unicode 正規化的處理**（程式 7.52），改寫成**載入 Word 檔再進行 unicode 正規化的處理**（程式 7.53）。

程式 7.52　變更前：對文字檔進行 unicode 正規化的處理

```
001   p1 = Path(readfile)
002   text = p1.read_text(encoding="UTF-8")
003   text = unicodedata.normalize("NFKC", text)
```

程式 7.53　變更後：對 Word 檔進行 unicode 正規化的處理

```
001   doc = Document(readfile)
002   for pa in doc.paragraphs:
003       pa.text = unicodedata.normalize("NFKC", pa.text)
004   for tbl in doc.tables:
005       for row in tbl.rows:
006               for cell in row.cells:
007                   cell.text = unicodedata.normalize("NFKC", ↵cell.text)
```

 撰寫程式吧！

接下來要將第 5 章 Recipe 6 的「**對文字檔進行 unicode 正規化處理的程式（normalize_texts.py）**」，改寫成「**對 Word 檔案進行 unicode 正規化處理的程式（normalize_Words.py）**」。

❶ 複製檔案「normalize_texts.py」，再將剛剛複製的檔案更名為「normalize_Words.py」。

❷ 在第 3 行程式碼新增下列的 import 句（程式 7.54）。

程式 7.54　追加 import 句

```
001   from docx import Document
```

❸ 將第 7 行程式碼改寫成載入 Word 檔（副檔名為 docx）的內容（程式 7.55）。

程式 7.55　修正為載入 docx 的內容

```
001    value2 = "*.docx"
```

❹ 將第 13 ～ 15 行程式碼的「載入文字再進行 unicode 正規化的處理」（程式 7.56），改寫成「載入 Word 檔的文字再進行 unicode 正規化的處理」（程式 7.57）。

程式 7.56　變更前

```
001        p1 = Path(readfile)
002        text = p1.read_text(encoding="UTF-8")
003        text = unicodedata.normalize("NFKC", text)
```

程式 7.57　變更後

```
001        doc = Document(readfile)
002        for pa in doc.paragraphs:
003            pa.text = unicodedata.normalize("NFKC", pa.text)
004        for tbl in doc.tables:
005            for row in tbl.rows:
006                for cell in row.cells:
007                    cell.text = unicodedata.normalize("NFKC", ⏎ cell.
    text)
```

❺ 將第 22 ～ 24 行程式碼的「轉存文字檔的處理」（程式 7.58），改寫為「轉存 Word 檔的處理」（程式 7.59）。

程式 7.58　變更前

```
001        filename = p1.name
002        p2 = Path(savedir.joinpath(filename))
003        p2.write_text(text, encoding="UTF-8")
```

程式 7.59	變更後
001	`filename = Path(readfile).name`
002	`newname = savedir.joinpath(filename)`
003	`doc.save(newname)`

如此一來就大功告成了（normailze_Words.py）。

執行這個程式之後，就會轉存經過 unicode 正規化處理的檔案，以及顯示這些檔案的名稱。

執行結果

在 outputfolder 轉存 test1.docx 了喲。

在 outputfolder 轉存 test2.docx 了喲。

在 outputfolder 轉存 test3.docx 了喲。

 # 轉換成應用程式！

應用程式的部分也要利用第 5 章 Recipe 6 的「**對文字檔進行 unicode 正規化處理的應用程式（normalize_texts.pyw）**」製作（圖 7.23）。

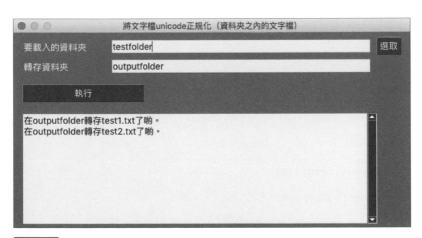

圖 7.23 要使用的應用程式：**normalize_texts.pyw**

❶ 複製檔案「normalize_texts.pyw」，再將剛剛複製的檔案更名為「normalize_Words.pyw」。

接著要複製與修正這個在「normalize_Words.py」執行的程式。

❷ 在第 6 行程式碼新增下列的 import 句（程式 7.60）。

程式 7.60	新增 import 句

```
001   from docx import Document
```

❸ 變更第 9 ～ 12 行程式碼的顯示內容與參數（程式 7.61）。

程式 7.61	變更顯示內容與參數

```
001   title = " 對 Word 檔案進行 unicode 正規化處理（資料夾之內的文字檔）"
002   infolder = "."
003   label1, value1 = " 轉存資料夾 ", "outputfolder"
004   label2, value2 = " 副檔名 ", "*.docx"
```

❹ 將第 18 ～ 20 行程式碼的「載入文字再進行 unicode 正規化的處理」（程式 7.62），改寫為「載入 Word 檔的文字，再進行 unicode 正規化的處理」（程式 7.63）。

程式 7.62	變更前

```
001       p1 = Path(readfile)
002       text = p1.read_text(encoding="UTF-8")
003       text = unicodedata.normalize("NFKC", text)
```

程式 7.63	變更後

```
001       doc = Document(readfile)
002       for pa in doc.paragraphs:
003           pa.text = unicodedata.normalize("NFKC", pa.text)
004       for tbl in doc.tables:
005           for row in tbl.rows:
```

```
006                    for cell in row.cells:
007                        cell.text = unicodedata.normalize("NFKC", ↵
     cell.text)
```

❺ 將第 27 ～ 29 行程式碼的「轉存文字檔的處理」（程式 7.64），改寫為「轉存 Word 檔的處理」（程式 7.65）。

程式 7.64	變更前

```
001      filename = p1.name
002      p2 = Path(savedir.joinpath(filename))
003      p2.write_text(text, encoding="UTF-8")
```

程式 7.65	變更後

```
001      filename = Path(readfile).name
002      newname = savedir.joinpath(filename)
003      doc.save(newname)
```

如此一來就大功告成了（normalize_Words.pyw）。

這個應用程式可利用下列的步驟執行。

① 點選「選取」，選擇「要載入的資料夾」。

② 在「轉存資料夾」輸入轉存資料夾的名稱。

③ 點選「執行」按鈕，就會在載入資料夾之後，載入該資料夾的 Word 檔，再對 Word 檔的內容進行 unicode 正規化處理，最後將檔案轉存至指定的資料夾（圖 7.24）。

将文字檔unicode正規化（資料夾之內的文字檔）

要載入的資料夾　　testfolder　　　　　　　　　　　　　　　　　選取

轉存資料夾　　　　outputfolder

執行

在outputfolder轉存test1.txt了喲。
在outputfolder轉存test2.txt了喲。

圖7.24 執行結果

Word 檔的文字種類統一了耶！

Chapter

8

Excel 檔案的
搜尋與置換

Recipe
1
Chapter 8

讀寫 Excel 檔

■ 載入 Excel 檔的函式庫

要載入或編輯 Excel 檔（xlsx 檔案）的時候，可使用**外部函式庫** openpyxl（圖 8.1）。

Search projects　　　　　　　　　　　　　　Help　Sponsors　Log in　Register

openpyxl 3.0.9　　　　　　　　　　　　　　✓ Latest version

`pip install openpyxl`　　　　　　　　　　Released: Sep 22, 2021

A Python library to read/write Excel 2010 xlsx/xlsm files

圖 8.1　openpyxl 函式庫

https://pypi.org/project/openpyxl/

※Python 函式庫的網站有可能會顯示另外的數值。

由於 **openpyxl 函式庫**不是標準函式庫，所以必須手動安裝。如果是 Windows 系統可先啟用「命令提示字元」，macOS 系可先啟動「終端機」程式，再分別輸入語法 8.1 與語法 8.2 的命令安裝。之後可利用「pip list」命令確定 openpyxl 已成功安裝。

語法 8.1　安裝 openpyxl 函式庫（Windows）

```
py -m pip install openpyxl

py -m pip list
```

語法8.2	安裝 openpyxl 函式庫（macOS）

```
python3 -m pip install openpyxl
```

```
python3 -m pip list
```

如此一來，就能載入函式庫再使用相關的命令（語法 8.3）。

語法8.3	載入 openpyxl

```
import openpyxl
```

接下來讓我們**稍微了解 openpyxl 函式庫的使用方法**。要載入 Excel 檔必須先了解「Excel 檔的結構」。

Excel 檔是由**多張工作表（sheet）**，以及工作表集合體的**活頁簿（Workbook）**組成。工作表是開啟 Excel 之後就會看到的表，點選下方的索引標籤就能切換工作表（圖 8.2）。

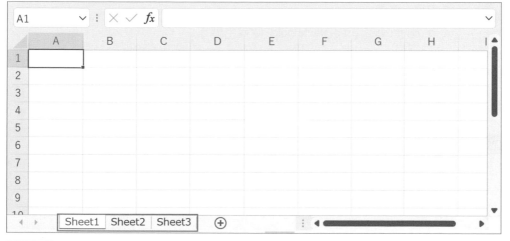

圖8.2 Excel 的畫面

工作表有許多儲存格（圖 8.3）。水平方向有 A、B、C 這些欄，垂直方向有 1、2、3 這些列。

259

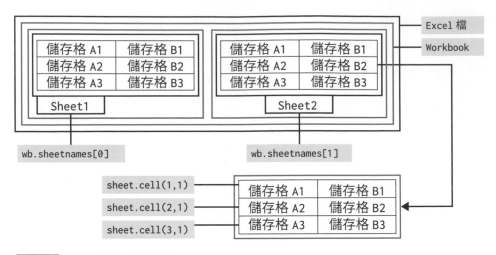

圖8.3 Excel 檔的內部結構

讓我們利用 openpyxl 載入工作表，了解工作表的內容。

第一步，要先載入檔案與取得**活頁簿（Worbook）**（程式 8.1）。

程式8.1	取得活頁簿
001	wb = openpyxl.load_workbook(檔案名稱)

這個活頁簿的工作表名稱是以列表（sheetnames）的方式儲存，所以可利用 for 迴圈取得工作表的名稱，再操作工作表（程式 8.2）。

程式8.2	利用 for 迴圈取得各工作表的名稱
001	for sheetname in wb.sheetnames:
002	sheet = wb[sheetname]

各工作表的儲存格都可利用第幾列的第幾欄指定與存取（程式 8.3）。

程式8.3	以第幾列的第幾欄指定與存取儲存格
001	cell = sheet.cell (row= 第幾列 , column= 第幾欄)

不過，要「存取工作表的所有元素」該怎麼做呢？雖然 Excel 的表會往垂直與水平方向無限延伸，但存放元素的最大列（sheet.max_row）與最大欄（sheet.max_column）是已知的。

所以，只要依序存取 1～最大列、1～最大欄的儲存格，就能存取所有的元素。不過，元素有可能是空白的儲存格，所以要利用「if cell.value !=None:」的語法判斷儲存格是否為空白，才能在元素不為空白的情況下取得值（value）。

讓我們先試著撰寫**「從 Excel 擷取文字的程式」**吧。

首先要準備**存放了文字的測試專用 Excel 檔**。也可以先從 P.10 的網址下載範例檔，再使用其中的 chap8/test.xlsx 檔（圖 8.4）。如果要使用自行準備的檔案，請變更程式 8.4 的第 3 行程式碼檔案名稱。程式 8.4 會載入這個檔案再進行相關的處理。

◢	A	B	C	D	E	F
1	這個是　工作表1。					
2						
3		全形 ▾	半形片假名 ▾	圈圈數字 ▾	符號 ▾	
4		１２．３Ａｂｃ！ｶﾀｶﾅ		①②③	ha	
5						

圖8.4 範例檔：test.xlsx

程式 8.4 是**「從 Excel 擷取文字的程式」**。

程式8.4	chap8/test8_1.py

```
001   import openpyxl
002
003   infile = "test.xlsx"
004   try:
005       wb = openpyxl.load_workbook(infile)
006       for sheetname in wb.sheetnames:────── 所有工作表
```

```
007             sheet = wb[sheetname]
008             for c in range(1, sheet.max_column+1):    ——欄 1～最後
009                 for r in range(1, sheet.max_row+1):    ——列 1～最後
010                     cell = sheet.cell(row=r, column=c)  ——儲存格
011                     if cell.value != None:
012                         print(cell.value)
013     except:
014         print(" 程式執行失敗。")
```

第 1 行程式碼載入了 openpyxl 函式庫。**第 3 行程式碼**將要載入的檔案放入變數 infile。**第 5 行程式碼**載入了 Excel 檔案的活頁簿。**第 6 ～ 7 行程式碼**將所有的工作表名稱依序放入變數 sheet。

第 8 行程式碼則是依序存取了存放元素的欄。**第 9 行程式碼**依序存取了存放元素的列。**第 10 行程式碼**取得儲存格的元素。**第 11 ～ 12 行程式碼**則在儲存格不為空白時，顯示儲存格的值。

執行這個程式之後，會顯示 Excel 檔案裡的文字。

執行結果

這個是　工作表 1。
全形
１２・３Ａｂｃ！（＠）
半形片假名
ｶﾀｶﾅ
圈圈數字
①②③
符號
ha

openpyxl 函式庫也可以轉存編輯過的 Excel 檔（語法 8.4）。

語法 8.4	轉存 Excel 檔

```
wb.save( 檔案名稱 )
```

接著讓我們根據上述的命令與方法，撰寫**「載入 Excel 檔案之後，再轉存 Excel 檔案的程式」**吧（程式 8.5）。

程式 8.5	chap8/test8_2.py

```
001   import openpyxl
002
003   infile = "test.xlsx"
004   value1 = "output.xlsx"
005   try:
006       wb = openpyxl.load_workbook(infile)
007       wb.save(value1)
008   except:
009       print(" 程式執行失敗。")
```

第 1 行程式碼載入了 openpyxl 函式庫。**第 3 ～ 4 行程式碼**將「要載入的檔案」放入變數 infile，以及將「轉存的檔案名稱」放入 value1。**第 6 行程式碼**載入了 Excel 檔案的活頁簿。**第 7 行程式碼**轉存了載入的活頁簿。

執行這個程式之後，就會轉存 output.xlsx 這個與 test.xlsx 內容完全一致的 Excel 檔案（圖 8.5）。

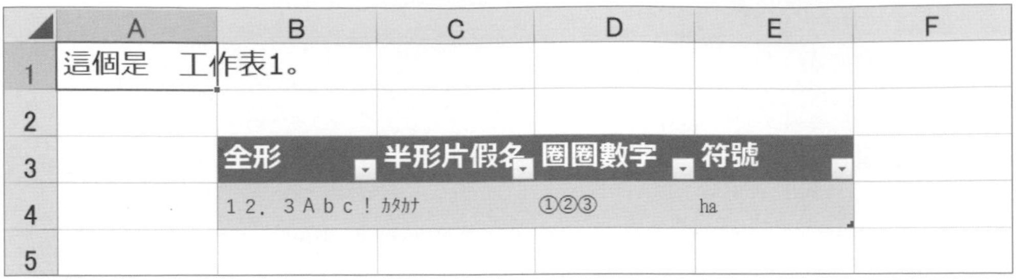

圖8.5 執行結果

※ 大部分內容簡單的 Excel 檔都可以轉存，但是當 Excel 檔的內容與格式比較複雜，就有可能無法順利轉存字型或文字裝飾這類設定。轉存之後，務必確認是否轉存成功。

openpyxl 函式庫也可以新增與轉存 Excel 檔，只需要將載入與開啟檔案的 load_workbook() 命令（程式 8.6），換成新增活頁簿的 Workbook() 命令（程式 8.7）。

程式8.6	變更前

```
001    wb = openpyxl.load_workbook( 檔案名稱 )
```

程式8.7	變更後

```
001    wb = openpyxl.Workbook()
```

此外，也可以在不知道工作表名稱的情況之下，利用 wb.active 直接存取「第一張工作表」。

讓我們試著利用這個命令撰寫**「新增 Excel 檔的程式」**。如果工作表的儲存格為空白狀態，會不知道是否新增了 Excel 檔，所以在儲存格輸入了「第 1 列 , 第 1 欄」與「第 5 列 , 第 3 欄」的值（程式 8.8）。

程式8.8	chap8/test8_3.py

```
001    import openpyxl
002
003    value1 = "output0.xlsx"
004
```

```
005    wb = openpyxl.Workbook()
006    ws = wb.active
007
008    c = ws.cell(1,1)
009    c.value = " 第 1 列 , 第 1 欄 "
010    c = ws.cell(5,3)
011    c.value = " 第 5 列 , 第 3 欄 "
012
013    wb.save(value1)
```

第 1 行程式碼載入了 openpyxl 函式庫。**第 3 行程式碼**將「要轉存的檔案名稱」放入變數 value1。**第 5 行程式碼**建立了活頁簿。**第 6 行程式碼**存取了第一張工作表。

第 8 ～ 9 行程式碼在「第 1 列 , 第 1 欄」的儲存格輸入值，**第 10 ～ 11 行程式碼**在「第 5 列 , 第 1 欄」的儲存格輸入值。**第 13 行程式碼**轉存了 Excel 檔案。

執行這個程式之後，就會轉存 output0.xlsx（圖 8.6）。

	A	B	C	D
1	第1列,第1欄			
2				
3				
4				
5			第5列,第3欄	
6				

圖8.6 執行結果

雖然已經能在儲存格輸入值，但也只輸入了文字。要怎麼進一步設定文字大小、文字顏色或是背景色呢？

openpyxl.styles 的命令可設定文字的大小、顏色與背景色（語法 8.5 ～語法 8.8）。

| 語法8.5 | 設定儲存格的文字大小與文字顏色 |

```
c.font = openpyxl.styles.Font(size= 大小 , color="RGB 色 ")
```

| 語法8.6 | 設定儲存格的背景色 |

```
c.fill = openpyxl.styles.PatternFill("solid", fgColor="RGB 色 ")
```

| 語法8.7 | 設定欄寬 |

```
ws.column_dimensions["A"].width = 寬度
```

| 語法8.8 | 設定列高 |

```
ws.row_dimensions[1].height = 高度
```

讓我們利用上述的語法將 test8_3.py 修改成「**新增 Excel 檔案，設定儲存格顏色的程式**」吧（程式 8.9）。

| 程式8.9 | chap8/test8_4.py |

```
001   import openpyxl
002
003   value1 = "output1.xlsx"
004
005   wb = openpyxl.Workbook()
006   ws = wb.active
007
008   c = ws.cell(1,1)
009   c.value = " 第 1 列 , 第 1 欄 "
010   c.font = openpyxl.styles.Font(size = 24, color="0000CC")
011   c.fill = openpyxl.styles.PatternFill("solid", fgColor="66CCFF")
012   c = ws.cell(5,3)
013   c.value = " 第 5 列 , 第 3 欄 "
014   c.font = openpyxl.styles.Font(size = 24, color="0000CC")
015   c.fill = openpyxl.styles.PatternFill("solid", fgColor="66CCFF")
```

```
016
017    ws.column_dimensions["A"].width = 20
018    ws.column_dimensions["C"].width = 20
019    ws.row_dimensions[1].height = 50
020    ws.row_dimensions[5].height = 50
021
022    wb.save(value1)
```

程式的內容基本上與 test8_3.py 相同。**第 10 ～ 11 行程式碼**設定了「第 1 列，第 1 欄」儲存格的文字大小、文字顏色與背景色。**第 14 ～ 15 行程式碼**設定了「第 5 列，第 3 欄」儲存格的文字大小、文字顏色與背景色。**第 17 ～ 18 行程式碼**設定了 A 欄與 C 欄的欄寬，**第 19 ～ 20 行程式碼**設定了第 1 列與第 5 列的高度。

執行這個程式之後會轉存 output1.xlsx（圖 8.7）。

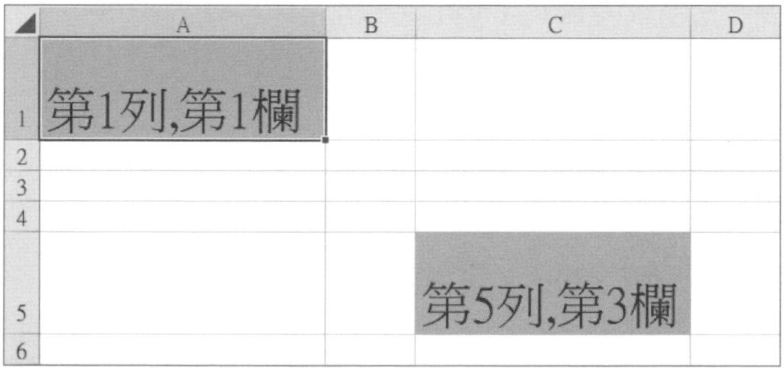

圖8.7 執行結果

接下來讓我們根據上述的命令與方法，一步步解決與 Excel 相關的問題吧。

Recipe 2　Chapter 8

搜尋 Excel 檔：find_Excels

想解決這種問題！

我忘記 Excel 檔的名稱了。我只記得使用了「某個字」，但不知道是哪個 Excel 檔。

有什麼方法可以解決呢？

這與第 5 章 Recipe 2 的「**搜尋文字檔的程式（find_texts.py）**」幾乎是一樣的問題，差別只在要操作的檔案從「文字檔」換成了「Excel 檔」（圖 8.8）。

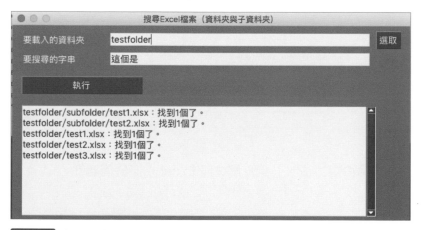

圖 8.8　應用程式的完成圖

簡單來說，就是將**載入文字檔再搜尋的處理**（程式 8.10），改寫成**載入 Excel 再搜尋的處理**（程式 8.11）。

程式8.10	變更前：載入文字檔再搜尋的處理

```
001    p = Path(readfile)
002    text = p.read_text(encoding="UTF-8")
003    cnt = text.count(findword)
```

程式8.11	變更後：載入 Excel 檔再搜尋的處理

```
001    wb = openpyxl.load_workbook(readfile)
002    cnt = 0
003    for sheetname in wb.sheetnames:
004        sheet = wb[sheetname]
005        for c in range(1, sheet.max_column+1):
006            for r in range(1, sheet.max_row+1):
007                cell = sheet.cell(row=r, column=c)
008                cellstr = str(cell.value)
009                cnt += cellstr.count(findword)
```

在撰寫程式之前，請先依照圖8.9所示的**階層結構建立測試專用資料夾**（testfolder）
（只用於測試，所以不需要完全相同）。也可以先從 P.10 的網址下載，再使用其
中的 chap8/testfolder 資料夾。

圖8.9	資料夾結構

```
[testfolder]
├ test1.xlsx
├ test2.xlsx
├ test3.xlsx
└ [subfolder]
   ├ test1.xlsx
   └ test2.xlsx
```

範例資料夾存放了圖 8.10、圖 8.11、圖 8.12 這三種 Excel 檔案（test1.xlsx、test2.xlsx、test3.xlsx）。

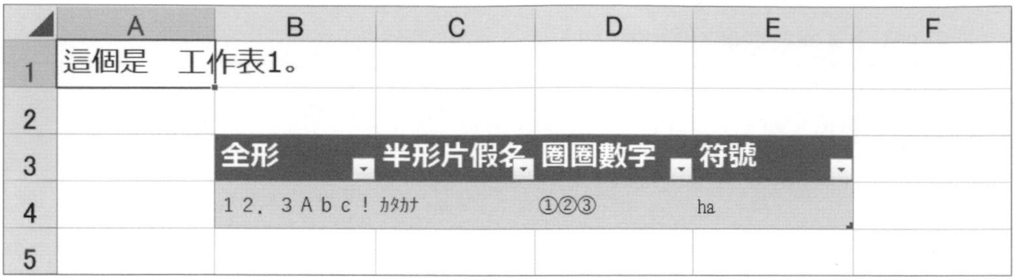

圖 8.10 範例檔（1 張工作表）：test1.xlsx

圖 8.11 範例檔（2 張工作表）：test2.xlsx

	A	B	C	D	E	F
1	這個是　工作表1。					
2						
3		全形	半形片假名	圈圈數字	符號	
4		１２，３Ａｂｃ！ｶﾀｶﾅ		①②③	ha	
5						
6						

Sheet1 | Sheet2 | Sheet3 ⊕

	A	B	C	D	E	F
1	那個是工作表2。					
2						
3		全形	半形片假名	圈圈數字	符號	
4		１２，３Ａｂｃ！ｶﾀｶﾅ		①②③	ha	
5						
6						

Sheet1 | Sheet2 | Sheet3 ⊕

	A	B	C	D	E	F
1	那個是工作表3。					
2						
3		全形	半形片假名	圈圈數字	符號	
4		１２，３Ａｂｃ！ｶﾀｶﾅ		①②③	ha	
5						
6						

Sheet1 | Sheet2 | Sheet3 ⊕

圖8.12 範例檔（3 張工作表）：test3.xlsx

 ## 撰寫程式吧！

接下來要將第 5 章 Recipe 2 的「**搜尋文字檔**（find_texts.py）」，改寫成「**搜尋 Excel 檔案**（find_excels.py）」。

❶ 複製檔案「find_texts.py」，再將剛剛複製的檔案更名爲「find_Excels.py」。接下來要修正這個檔案的內容。

❷ 在第 2 行程式碼新增下列的 import 句（程式 8.12）。

程式 8.12	新增 import 句

```
001   import openpyxl
```

❸ 將第 6 行程式碼修正爲載入 Excel 檔（副檔名 xlsx）的內容（程式 8.13）。

程式 8.13	修正成載入 Excel 檔的內容

```
001   value2 = "*.xlsx"
```

❹ 將第 12 ～ 14 行程式碼的「載入文字再搜尋的處理」（程式 8.14），改寫成「載入 Excel 檔的文字再搜尋的處理」（程式 8.15）。

程式 8.14	變更前

```
001         p = Path(readfile)
002         text = p.read_text(encoding="UTF-8")
003         cnt = text.count(findword)
```

程式 8.15	變更後

```
001         wb = openpyxl.load_workbook(readfile)
002         cnt = 0
003         for sheetname in wb.sheetnames:
004             sheet = wb[sheetname]
005             for c in range(1, sheet.max_column+1):
006                 for r in range(1, sheet.max_row+1):
007                     cell = sheet.cell(row=r, column=c)
008                     cellstr = str(cell.value)
009                     cnt += cellstr.count(findword)
```

這樣就大功告成了。執行這個程式之後，會發現每個檔案都找到 1 個結果。

執行結果

testfolder/subfolder/test1.xlsx：找到 1 個了。

testfolder/subfolder/test2.xlsx：找到 1 個了。

testfolder/test1.xlsx：找到 1 個了。

testfolder/test2.xlsx：找到 1 個了。

testfolder/test3.xlsx：找到 1 個了。

 轉換成應用程式！

應用程式的部分也要利用第 5 章 Recipe 2 的「**搜尋文字檔的應用程式（find_texts.pyw）**」製作（圖 8.13）。

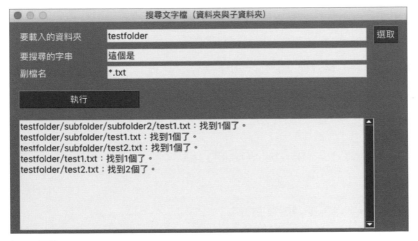

搜尋文字檔（資料夾與子資料夾）		

要載入的資料夾　testfolder　　　　　　　　　　　　　選取

要搜尋的字串　這個是

副檔名　　　*.txt

執行

testfolder/subfolder/subfolder2/test1.txt：找到1個了。
testfolder/subfolder/test1.txt：找到1個了。
testfolder/subfolder/test2.txt：找到1個了。
testfolder/test1.txt：找到1個了。
testfolder/test2.txt：找到2個了。

圖8.13 要使用的應用程式：find_texts.pyw

❶ 複製檔案「find_texts.pyw」，再將剛剛複製的檔案更名為「find_Excels.pyw」。

接著要複製與修正在「find_Excels.py」執行的程式。

❷ 在第 5 行程式碼新增下列的 import 句（程式 8.16）。

程式 8.16	新增 import 句

```
001    import openpyxl
```

❸ 變更第 8 ～ 11 行程式碼的顯示內容與參數（程式 8.17）。

程式 8.17	變更顯示內容或參數

```
001    title = " 搜尋 Excel 檔案（資料夾與子資料夾）"
002    infolder = "."
003    label1, value1 = " 要搜尋的字串 ", " 這個是 "
004    label2, value2 = " 副檔名 ", "*.xlsx"
```

❹ 將第 17 ～ 19 行程式碼的「載入文字再搜尋的處理」（程式 8.18），改寫成「載入 Excel 檔的文字再搜尋的處理」（程式 8.19）。

程式 8.18	變更前

```
001        p = Path(readfile)
002        text = p.read_text(encoding="UTF-8")
003        cnt = text.count(findword)
```

程式 8.19	變更後

```
001        wb = openpyxl.load_workbook(readfile)
002        cnt = 0
003        for sheetname in wb.sheetnames:
004            sheet = wb[sheetname]
005            for c in range(1, sheet.max_column+1):
006                for r in range(1, sheet.max_row+1):
007                    cell = sheet.cell(row=r, column=c)
008                    cellstr = str(cell.value)
009                    cnt += cellstr.count(findword)
```

❺ 由於 Excel 檔案的副檔名為「xlsx」，所以刪除第 44 行程式碼（程式 8.20），與第 53 行程式碼（程式 8.21）的副檔名輸入欄位。

程式8.20	刪除副檔名輸入欄位

```
001   value2 = values["input2"]
```

程式8.21	刪除副檔名輸入欄位

```
001           [sg.Text(label2, size=(12,1)), sg.Input(value2, ↵
      key="input2")],
```

如此一來就大功告成了（find_excels.pyw）。

這個應用程式可透過下列的步驟使用。

① 點選「選取」，再選取「要載入的資料夾」（若不選取，就會從這個程式碼檔案的資料夾開始搜尋）。

② 在「要搜尋的字串」欄位輸入內容。

③ 點選「執行」按鈕，就會顯示包含要搜尋的字串的 Excel 檔案（圖 8.14）。

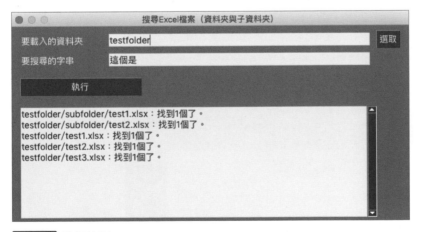

圖8.14 執行結果

顯示了包含要搜尋的字串的 Excel 檔了！

Recipe
3
Chapter 8

置換 Excel 檔：
replace_Excels

想解決這種問題！

> 我製作了很多個 Excel 檔，但有個字打錯了！我想將所有 Excel 檔的「這個」換成「那個」，該怎麼辦啊？

解決問題所需的命令？

這與第 5 章 Recipe 3 的「**置換文字檔的程式：replace_texts.py**」幾乎是一樣的問題，差別只在操作的檔案從「文字檔」換成「Excel 檔」而已（圖 8.15）。

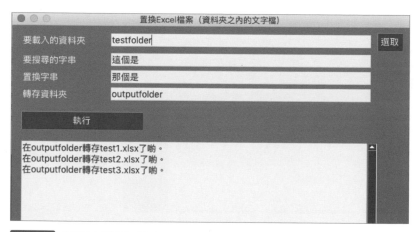

圖8.15 應用程式的完成圖

換句話說，就是要將**載入文字檔再置換的處理**（程式 8.22），改寫成**載入 Excel 檔再置換表的處理**（程式 8.23）。

程式 8.22 | **變更前：載入文字檔再置換的處理**

```
001  p1 = Path(readfile)
002  text = p1.read_text(encoding="UTF-8")
003  text = text.replace(findword, newword)
```

程式 8.23 | **變更後：載入 Excel 再置換表的處理**

```
001  wb = openpyxl.load_workbook(readfile)
002  cnt = 0
003  for sheetname in wb.sheetnames:
004      sheet = wb[sheetname]
005      for c in range(1, sheet.max_column+1):
006          for r in range(1, sheet.max_row+1):
007              cell = sheet.cell(row=r, column=c)
008              if type(cell.value)==str:
009                  new_text = cell.value.replace(findword, newword)
010                  cell.value = new_text
```

由於這個程式會「轉存置換過的檔案」，所以必須使用第 7 章程式 7.3 的 wb.save() 命令，執行「轉存 Excel 檔的處理」。接下來要將**轉存文字檔的處理**（程式 8.24），改寫成**轉存 Excel 檔的處理**（程式 8.25）。

程式 8.24 | **變更前：轉存文字檔的處理**

```
001  filename = p1.name
002  p2 = Path(savedir.joinpath(filename))
003  p2.write_text(text)
```

程式 8.25 | **變更後：轉存 Excel 檔的處理**

```
001  filename = Path(readfile).name
002  newname = savedir.joinpath(filename)
003  wb.save(newname)
```

如此一來，就能「載入與置換 Excel 檔，再轉存檔案」了。

 ## 撰寫程式吧！

接下來要將第 5 章 Recipe 3 的「**置換文字檔程式（replace_texts.py）**」，改寫成「**置換 Excel 檔案的程式（replace_excels.py）**」。

❶ 複製檔案「replace_texts.py」，再將剛剛複製的檔案更名爲「replace_Excels. py」，然後修正這個檔案的內容。

❷ 在第 2 行程式碼新增下列的 import 句（程式 8.26）。

程式 8.26	新增 import 句

```
001    import openpyxl
```

❸ 將第 8 行程式碼修正爲載入 Excel 檔（副檔名爲 xlsx）的內容（程式 8.27）。

程式 8.27	修正爲載入 Excel 檔的內容

```
001    ext = "*.xlsx"
```

❹ 將第 14 ～ 16 行程式碼的「載入文字再置換的處理」（程式 8.28），改寫成「從 Excel 檔載入文字再置換的處理」（程式 8.29）。

程式 8.28	變更前

```
001        p1 = Path(readfile)
002        text = p1.read_text(encoding="UTF-8")
003        text = text.replace(findword, newword)
```

程式 8.29	變更後

```
001        wb = openpyxl.load_workbook(readfile)
002        cnt = 0
003        for sheetname in wb.sheetnames:
```

```
004              sheet = wb[sheetname]
005              for c in range(1, sheet.max_column+1):
006                  for r in range(1, sheet.max_row+1):
007                      cell = sheet.cell(row=r, column=c)
008                      if type(cell.value)==str:
009                          new_text = cell.value.replace ↵
        (findword, newword)
010                          cell.value = new_text
```

❺ 將第 26 ～ 28 行程式碼的「轉存文字檔的處理」（程式 8.30），改寫成「轉存 Excel 檔的處理」（程式 8.31）。

程式8.30	變更前

```
001     filename = p1.name
002     p2 = Path(savedir.joinpath(filename))
003     p2.write_text(text, encoding="UTF-8")
```

程式8.31	變更後

```
001     filename = Path(readfile).name
002     newname = savedir.joinpath(filename)
003     wb.save(newname)
```

如此一來就大功告成了（replace_Excels.py）。

執行這個程式之後，就會轉存經過置換的 Excel 檔案。

執行結果

在 outputfolder 轉存 test1.xlsx 了喲。

在 outputfolder 轉存 test2.xlsx 了喲。

在 outputfolder 轉存 test3.xlsx 了喲。

轉換成應用程式！

應用程式的部分也要利用第 5 章 Recipe 3 的「**置換文字檔的應用程式（replace_texts.pyw）**」製作（圖 8.16）。

置換文字檔（資料夾之內的文字檔）

要載入的資料夾	testfolder	選取
要搜尋的字串	這個是	
置換字串	那個是	
轉存資料夾	outputfolder	

執行

在outputfolder轉存了test1.txt 喲。
在outputfolder轉存了test2.txt 喲。

圖 8.16 要使用的應用程式：replace_texts.pyw

❶ 複製檔案「replace_texts.pyw」，再將剛剛複製的檔案更名爲「replace_Excels.pyw」。

接下來要複製與修正在「replace_Excels.py」執行的程式。

❷ 在第 5 行新增下列的 import 句（程式 8.32）。

程式 8.32 　追加 import 句

```
001  import openpyxl
```

❸ 變更第 8 ～ 13 行程式碼的顯示內容與參數（程式 8.33）。

程式 8.33 　變更顯示內容或參數

```
001  title = "置換 Excel 檔案（資料夾之內的文字檔）"
002  infolder = "."
003  label1, value1 = "要搜尋的字串", "這個是"
004  label2, value2 = "置換字串", "那個是"
```

```
005    label3, value3 = " 轉存資料夾 ", "outputfolder"
006    ext = "*.xlsx"
```

❹ 將第 19 ～ 21 行程式碼的「載入文字再置換的處理」（程式 8.34），改寫成「載入 Excel 檔的文字再置換的處理」（程式 8.35）。

程式8.34	變更前

```
001        p1 = Path(readfile)
002        text = p1.read_text(encoding="UTF-8")
003        text = text.replace(findword, newword)
```

程式8.35	變更後

```
001        wb = openpyxl.load_workbook(readfile)
002        cnt = 0
003        for sheetname in wb.sheetnames:
004            sheet = wb[sheetname]
005            for c in range(1, sheet.max_column+1):
006                for r in range(1, sheet.max_row+1):
007                    cell = sheet.cell(row=r, column=c)
008                    if type(cell.value)==str:
009                        new_text = cell.value.replace ↵
    (findword, newword)
010                        cell.value = new_text
```

❺ 將第 31 ～ 33 行程式碼的「轉存文字檔的處理」（程式 8.36）改寫成「轉存 Excel 檔的處理」（程式 8.37）。

程式8.36	變更前

```
001        filename = p1.name
002        p2 = Path(savedir.joinpath(filename))
003        p2.write_text(text, encoding="UTF-8")
```

程式8.37	變更後
001	filename = Path(readfile).name
002	newname = savedir.joinpath(filename)
003	wb.save(newname)

如此一來就大功告成了（replace_Excels.pyw）。

這個程式可透過下列的步驟執行。

① 點選「選取」按鈕，選擇「要載入的資料夾」。

② 在「要搜尋的字串」與「置換字串」輸入內容。

③ 在「轉存資料夾」輸入轉存資料夾的名稱。

④ 點選「執行」按鈕之後會載入資料夾，再置換該資料夾的 Excel 檔文字，最後轉存至轉存資料夾（圖 8.17）。

置換Excel檔案（資料夾之內的文字檔）

要載入的資料夾	testfolder	選取
要搜尋的字串	這個是
置換字串	那個是
轉存資料夾	outputfolder

執行

在outputfolder轉存test1.xlsx了喲。
在outputfolder轉存test2.xlsx了喲。
在outputfolder轉存test3.xlsx了喲。

圖8.17 執行結果

置換了 Excel 檔的字串了！

282

想解決這種問題！

> 我做了很多個 Excel 檔，但是半形與全形的文字全混在一起！我希望所有的 Excel 檔的「英數字或符號統一爲半形」、「半形片假名統一爲全形片假名」，以及「圈圈數字 ① ② ③ 統一爲半形數字」，到底該怎麼做呢？

 ## 解決問題所需的命令？

這與第 5 章 Recipe 6 的「對文字檔進行 unicode 正規化處理的程式（normalize_text.py）」可說是一樣的問題，差別只在載入的檔案從「文字檔」換成「Excel檔」而已（圖 8.18）。

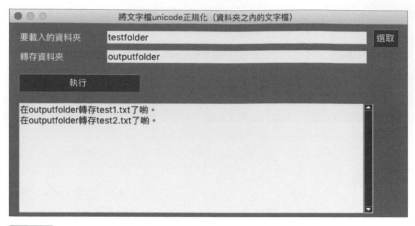

圖 8.18 應用程式的完成圖

換言之，要將**載入文字檔再進行** unicode **正規化的處理**（程式 8.38），改寫成**載入 Excel 檔再進行** unicode **正規化的處理**（程式 8.39）。

程式 8.38   變更前：對文字檔進行 unicode 正規化處理

```
001  p1 = Path(readfile)
```

```
002  text = p1.read_text(encoding="UTF-8")
```

```
003  text = unicodedata.normalize("NFKC", text)
```

程式 8.39   變更後：對 Excel 檔進行 unicode 正規化處理

```
001  wb = openpyxl.load_workbook(readfile)
002  for sheetname in wb.sheetnames:
003      sheet = wb[sheetname]
004      for c in range(1, sheet.max_column+1):
005          for r in range(1, sheet.max_row+1):
006              cell = sheet.cell(row=r, column=c)
007              if type(cell.value) is str:
008                  cell.value = unicodedata.normalize("NFKC", ↵
     cell.value)
```

撰寫程式吧！

接下來要將第 5 章 Recipe 6 的「對文字檔進行 unicode 正規化處理的程式
（normalize_texts.py）」，改寫成「對 Word 檔案進行 unicode 正規化處理的程
式（normalize_Words.py）」。

❶ 複製檔案「normalize_texts.py」，再將剛剛複製的檔案更名爲「normalize_
  Excels.py」。

❷ 在第 3 行程式碼新增下列的 import 句（程式 8.40）。

程式 8.40	追加 import 句
001	`import openpyxl`

❸ 將第 7 行程式碼改寫成載入 Excel 檔（副檔名爲 xlsx）的內容（程式 8.41）。

程式 8.41	修正爲載入 Excel 檔的內容
001	`value2 = "*.xlsx"`

❹ 將第 13 ～ 15 行程式碼的「載入文字再進行 unicode 正規化的處理」（程式
  8.42），改寫成「載入 Excel 檔的文字再進行 unicode 正規化的處理」（程式
  8.43）。

程式 8.42	變更前
001	`p1 = Path(readfile)`
002	`text = p1.read_text(encoding="UTF-8")`
003	`text = unicodedata.normalize("NFKC", text)`

程式 8.43	變更後
001	`wb = openpyxl.load_workbook(readfile)`
002	`for sheetname in wb.sheetnames:`
003	`    sheet = wb[sheetname]`
004	`    for c in range(1, sheet.max_column+1):`

```
005                     for r in range(1, sheet.max_row+1):
006                         cell = sheet.cell(row=r, column=c)
007                         if type(cell.value) is str:
008                             cell.value = unicodedata. ↵
        normalize("NFKC", cell.value)
```

❺ 將第 23 ～ 25 行程式碼的「轉存文字檔的處理」（程式 8.44），改寫成「轉存
  Excel 檔的處理」（程式 8.45）。

程式8.44	變更前
001	filename = p1.name
002	p2 = Path(savedir.joinpath(filename))
003	p2.write_text(text, encoding="UTF-8")

程式8.45	變更後
001	filename = Path(readfile).name
002	newname = savedir.joinpath(filename)
003	wb.save(newname)

如此一來就大功告成了（normalize_Excels.py）

執行這個程式，就會轉存經過 unicode 正規化處理的 Excel 檔案，以及顯示這些檔
案的名稱。

執行結果

在 outputfolder 轉存 test1.xlsx 了喲。

在 outputfolder 轉存 test2.xlsx 了喲。

在 outputfolder 轉存 test3.xlsx 了喲。

轉換成應用程式！

應用程式的部分也要利用第 5 章 Recipe 6 的**「替文字檔進行 unicode 正規化處理的應用程式（normalize_texts.pyw）」**製作（圖 8.19）。

```
將文字檔unicode正規化（資料夾之內的文字檔）

要載入的資料夾    testfolder                              選取
轉存資料夾       outputfolder

      執行

在outputfolder轉存test1.txt了喲。
在outputfolder轉存test2.txt了喲。
```

圖 8.19 要使用的應用程式：normalize_texts.pyw

❶ 複製檔案「normalize_texts.pyw」，再將剛剛複製的檔案更名為「normalize_Excels.pyw」。

接著要複製與修正這個在「normalize_Excels.py」執行的程式。

❷ 在第 6 行程式碼新增下列的 import 句（程式 8.46）。

程式8.46 新增 import 句

```
001   import openpyxl
```

❸ 變更第 9 ～ 12 行程式碼的顯示內容與參數（程式 8.47）。

程式8.47 變更顯示內容與參數

```
001   title = " 對 Excel 檔案進行 unicode 正規化處理（資料夾之內的文字檔）"

002   infolder = "."

003   label1, value1 = " 轉存資料夾 ","outputfolder"

004   label2, value2 = " 副檔名 ","*.xlsx"
```

❹ 將第 18 ～ 20 行程式碼的「載入文字再進行 unicode 正規化的處理」（程式 8.48），改寫爲「載入 Excel 檔的文字再進行 unicode 正規化的處理」（程式 8.49）。

程式8.48 變更前

```
001    p1 = Path(readfile)
002    text = p1.read_text(encoding="UTF-8")
003    text = unicodedata.normalize("NFKC", text)
```

程式8.49 變更後

```
001    wb = openpyxl.load_workbook(readfile)
002    for sheetname in wb.sheetnames:
003        sheet = wb[sheetname]
004        for c in range(1, sheet.max_column+1):
005            for r in range(1, sheet.max_row+1):
006                cell = sheet.cell(row=r, column=c)
007                if type(cell.value) is str:
008                    cell.value = unicodedata. ↵
       normalize("NFKC", cell.value)
```

❺ 將第 28 ～ 30 行程式碼的「轉存文字檔的處理」（程式 8.50），改寫爲「轉存 Excel 檔的處理」（程式 8.51）。

程式8.50 變更前

```
001    filename = p1.name
002    p2 = Path(savedir.joinpath(filename))
003    p2.write_text(text, encoding="UTF-8")
```

程式8.51 變更後

```
001    filename = Path(readfile).name
002    newname = savedir.joinpath(filename)
003    wb.save(newname)
```

如此一來就大功告成了（normalize_Excels.pyw）。

這個應用程式可利用下列的步驟執行。

① 點選「選取」，選擇「要載入的資料夾」。

② 在「轉存資料夾」輸入轉存資料夾的名稱。

③ 點選「執行」按鈕，就會在載入資料夾之後，載入該資料夾的 Excel 檔，再對 Excel 檔的內容進行 unicode 正規化處理，最後將檔案轉存至指定的資料夾（圖 8.20）。

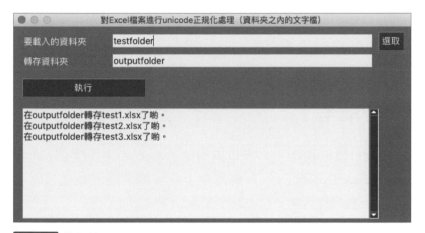

圖8.20 執行結果

Excel 檔的字串種類統一了！

Recipe 5
Chapter 8
刪除 Excel 檔的空白字元：delspace_Excels

想解決這種問題！

我看了 Excel 檔的內容才發現，多了很多不需要的空白字元！我想刪除「半形空白字元、全形空白字元與定位點」，到底該怎麼做啊？

解決問題所需的命令？

這次的問題是「修正 Excel 檔的內容」，所以與剛剛的 Recipe 4「讓 Excel 檔 unicode 正規化：normalize_Excels.py」可說是完全一樣的問題，差別只在將「unicode 正規化」換成「刪除空白字元」而已（圖 8.21）。

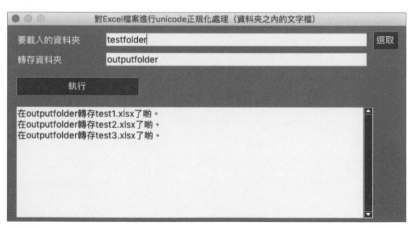

圖 8.21 應用程式的完成圖

換言之，要將 unicode 正規化處理（程式 8.52），改寫成將**空白字元**（半形空白字元、全形空白字元、定位點）置換成空白的處理（程式 8.53）。

程式8.52	變更前：unicode 正規化處理

```
001  if type(cell.value) is str:
002      cell.value = unicodedata.normalize("NFKC", cell.value)
```

程式8.53	變更後：將空白字元置換成空白的處理

```
001  if type(cell.value) is str:
002      cell.value = cell.value.replace(" ","")
003      cell.value = cell.value.replace("　","")
004      cell.value = cell.value.replace("\t","")
```

 撰寫程式吧！

接下來要將剛剛的 Recipe 4「對 Excel 檔進行 unicode 正 規 化 處 理 的 程 式（normalize_Excels.py）」，改 寫 成「刪 除 Excel 檔 的 空 白 字 元 的 程 式」（delspace_Excels.py）。

❶ 複製檔案「normalize_Excels.py」，再將剛剛複製的檔案更名爲「delspace_Excels.py」。

❷ 從第 2 行程式碼刪除下列的 import 句（程式 8.54 不刪除也不會有問題，但不會用到 unicodedata，所以先刪除比較好）。

程式8.54	刪除 import 句

```
001  import unicodedata
```

❸ 將第 18 ～ 19 行程式碼的「如果儲存格的值是字串就進行 unicode 正規化處理」
（程式 8.55），改寫成「如果儲存格的值是字串就將空白字元置換成空白字串的
處理」（程式 8.56）。

程式8.55	變更前

```
001        if type(cell.value) is str:
002            cell.value = unicodedata.normalize("NFKC", cell. ↵ value)
```

程式8.56	變更後

```
001        if type(cell.value) is str:
002            cell.value = cell.value.replace(" ","")
003            cell.value = cell.value.replace("　","")
004            cell.value = cell.value.replace("\t","")
```

如此一來就大功告成了。

執行這個程式之後，會刪除空白字元以及顯示經過處理的檔案（圖 8.22）。

執行結果

在 outputfolder 轉存 test1.xlsx 了喲。

在 outputfolder 轉存 test2.xlsx 了喲。

在 outputfolder 轉存 test3.xlsx 了喲。

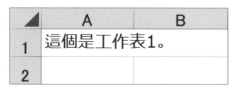

圖8.22 「這個是 工作表 1。」變更爲「這個是工作表 1。」

 轉換成應用程式！

應用程式的部分，也要利用剛剛的 Recipe 4「**對 Excel 檔執行 unicode 正規化處
理的應用程式（normalize_Excels.pyw）**」製作（圖 8.23）。

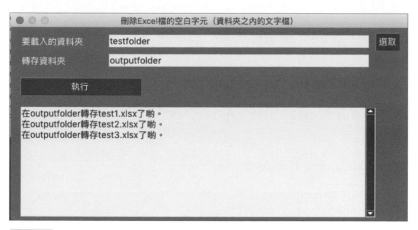

圖8.23 要使用的應用程式：normalize_Excels.pyw

❶ 複製檔案「normalize_Excels.pyw」，再將剛剛複製的檔案更名爲「delspace_Excels.pyw」。

接下來要複製正在「delspace_Excels.py」執行的程式。

❷ 從第 6 行程式碼刪除下列的 import 句（程式 8.57）。

程式8.57	刪除 import 句

```
001   import unicodedata
```

❸ 變更第 8 行程式碼的顯示內容（程式 8.58）。

程式8.58	變更顯示內容

```
001   title = " 刪除 Excel 檔的空白字元（資料夾之內的文字檔）"
```

❹ 將第 23 ～ 24 行程式碼的「如果儲存格的值爲字串，就進行 unicode 正規化的處理」（程式 8.59），改寫爲「如果儲存格的值爲字串，就將空白字元置換成空白字串的處理」（程式 8.60）。

程式8.59	變更前

```
001           if type(cell.value) is str:
002               cell.value = unicodedata.normalize("NFKC", cell. ↵
      value)
```

程式 8.60	變更後
001	`if type(cell.value) is str:`
002	`cell.value = cell.value.replace(" ","")`
003	`cell.value = cell.value.replace("　","")`
004	`cell.value = cell.value.replace("\t","")`

如此一來就大功告成了（delspace_Excels.pyw）。

這個應用程式可透過下列的步驟使用。

① 點選「選取」按鈕，再選取「要載入的資料夾」。

② 在「轉存資料夾」欄位輸入轉存資料夾的名稱。

③ 點選「執行」按鈕之後，該資料夾的 Excel 檔就會進行 unicode 正規化處理，再轉存至資料夾（圖 8.24）。

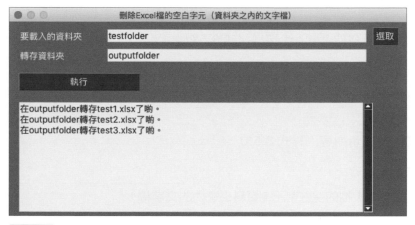

圖 8.24 應用程式的完成圖

刪除了 Excel 檔多餘的空白字元了！

Recipe
6
Chapter 8

製作 Excel 月曆：make_Excelcalendar

想解決這種問題！

我想利用 Excel 製作月曆，但到底該怎麼做，才能輸入「年月分」就自動產生月曆呢？

解決問題所需的命令？

要新增 Excel 檔，可使用「新增 Excel 檔的程式」（程式 8.8），所以問題在於該如何準備「月曆的資料」。當然，也可以手動準備資料，但其實我們可以試著使用 calendar 這個操作月曆的 Python 標準函式庫，自動產生月曆的資料。

比方說，如下使用 calendar 函式庫的命令（語法 8.9、程式 8.61），就能顯示指定年分與月分的月曆。

語法8.9	顯示指定年份與月份的月曆

```
print(calendar.month( 年 , 月 ))
```

程式8.61	chap8/test8_5.py

```
001  import calendar
002  print(calendar.month(2022, 12))
```

一執行這個程式就會以文字的方式顯示 2022 年 12 月的月曆。

執行結果

```
    December 2022
Mo Tu We Th Fr Sa Su
          1  2  3  4
 5  6  7  8  9 10 11
12 13 14 15 16 17 18
19 20 21 22 23 24 25
26 27 28 29 30 31
```

此外，也可以利用 calendar.setfirstweekday(calendar.SUNDAY) 命令指定一週的
第一天（程式 8.62）。

程式 8.62 chap8/test8_6.py

```
001  import calendar
002  calendar.setfirstweekday(calendar.SUNDAY)
003  print(calendar.month(2022, 12))
```

執行這個程式就會顯示以星期日為一週第一天的月曆。

執行結果

```
    December 2022
Su Mo Tu We Th Fr Sa
             1  2  3
 4  5  6  7  8  9 10
11 12 13 14 15 16 17
18 19 20 21 22 23 24
25 26 27 28 29 30 31
```

不過，這個命令只是幫助我們快速顯示月曆，所以才使用了「帶有換行字元的字串」，如果要將這個月曆放入 Excel 的儲存格，就必須修改程式的內容。雖然也可以利用換行字元或是空白字元切割字串，卻無從得知每個月的第 1 天該放在哪一個儲存格。

如果遇到這種問題，請務必在函式庫找找看有沒有其他的功能，有時候會找到很實用的命令，例如這次的例子就是其中之一。

執行 cal.monthdayscalendar（年分 , 月分）這個建立 Calendar 物件的方法，就能將每週的日期放進列表，而且這個列表的每個元素都是一筆日期資料（程式 8.63）。

程式 8.63	chap8/test8_7.py

```
001   import calendar
002   year = 2022
003   month = 12
004   cal = calendar.Calendar()
005   for week in cal.monthdayscalendar(year, month):
006       print(week)
```

執行這個程式之後，就會將 2022 年 12 月以週為單位拆解，再儲存為列表。而且前一個月或下一個月的日期都會是 0，所以可將這些 0 當成空白的儲存格，也就能對齊日期的位置。

執行結果

```
[0, 0, 0, 1, 2, 3, 4]
[5, 6, 7, 8, 9, 10, 11]
[12, 13, 14, 15, 16, 17, 18]
[19, 20, 21, 22, 23, 24, 25]
[26, 27, 28, 29, 30, 31, 0]
```

如果要使用這個方法，還能利用 calendar.Calendar(calendar.SUNDAY) 命令指定一週的第一天。讓我們試著顯示特定月分的月曆，與追加以星期日為一週第一天的資料吧（程式 8.64）。

```
001    import calendar
002    year = 2022
003    month = 12
004    print(str(year)+" 年 "+str(month)+" 月 ")
005    dayname = [" 日 "," 一 "," 二 "," 三 "," 四 "," 五 "," 六 "]
006    print(dayname)
007    cal = calendar.Calendar(calendar.SUNDAY)
008    for week in cal.monthdayscalendar(year, month):
009        print(week)
```

執行這個程式之後，就會輸出月分、星期日～六以及以星期日為一週第一天的列表。

執行結果

```
2022 年 12 月
[' 日 ', ' 一 ', ' 二 ', ' 三 ', ' 四 ', ' 五 ', ' 六 ']
[0, 0, 0, 0, 1, 2, 3]
[4, 5, 6, 7, 8, 9, 10]
[11, 12, 13, 14, 15, 16, 17]
[18, 19, 20, 21, 22, 23, 24]
[25, 26, 27, 28, 29, 30, 31]
```

如此一來，似乎就能將這些日期放進 Excel 的儲存格了。之後就是「將列表的資料放入第幾欄的第幾列」的處理而已。「列表的值的順序」的部分可利用 enumerate（列表）命令取得（**順序 , 對應的值**）**成對的資料**，所以讓我們試著執行這個命令吧（程式 8.65）。

程式 8.65	chap8/test8_9.py

```
001    import calendar
002    year = 2022
003    month = 12
004    cal = calendar.Calendar(calendar.SUNDAY)
005    for (row, week) in enumerate(cal.monthdayscalendar(year, ⏎ month)):
006        for (col, day) in enumerate(week):
007            if day > 0 :
008                print(" 第 ",row+1," 列 "," 第 ",col+1," 欄 =", day)
```

執行這個程式之後，就會知道「列表的資料應該放在第幾列的第幾欄」了。

執行結果

```
第 1 列 第 5 欄 = 1
第 1 列 第 6 欄 = 2
第 1 列 第 7 欄 = 3
第 2 列 第 1 欄 = 4
第 2 列 第 2 欄 = 5
 (... 略 ...)
第 5 列 第 3 欄 = 27
第 5 列 第 4 欄 = 28
第 5 列 第 5 欄 = 29
第 5 列 第 6 欄 = 30
第 5 列 第 7 欄 = 31
```

如果能做到這一步，代表之後只需要依照這個方式將值放入 Excel 的儲存格而已。
讓我們建立「**在 Excel 檔案建立月曆的函數**」，試著製作月曆吧（程式 8.66）。

```
001  import calendar

002  import openpyxl

003

004  year = 2022

005  month = 12

006  dayname = ["日","一","二","三","四","五","六"]

007

008  #【在 Excel 檔新增月曆的函數】

009  def makecalendar(value1, value2):

010      year = int(value1)

011      month = int(value2)

012      savefile = str(year)+"_"+str(month)+".xlsx"

013

014      cal = calendar.Calendar(calendar.SUNDAY)

015      wb = openpyxl.Workbook()

016      ws = wb.active

017      c = ws.cell(1,4)

018      c.value = str(year)+" 年 "+str(month)+" 月 "

019      for col in range(7):            一週的每一天

020          c = ws.cell(2, col+1)

021          c.value = dayname[col]

022      for (col, week) in enumerate(cal.monthdayscalendar(year, month)):

023          for (row, day) in enumerate(week):

024              if day > 0 :

025                  c = ws.cell((col + 3), row+1)

026                  c.value = day

027      wb.save(savefile)            Excel 轉存檔案

028      return " 轉存 "+savefile+" 了。"
```

```
029
030    msg = makecalendar(year, month)
031    print(msg)
```

第 1 ～ 2 行程式碼載入了 calendar 函式庫與 openpyxl 函式庫，**第 4 ～ 5 行程式碼**將年分與月分，分別放入變數 year 與變數 month，**第 6 行程式碼**則是準備了一週每一天的資料。

第 9 ～ 28 行程式碼建立了「在 Excel 檔製作月曆的函數（makecalendar）」。**第 10 ～ 12 行程式碼**將有可能以字串輸入的年分與月分轉換成整數，再將要儲存的檔案名稱放入變數 savefile。**第 14 ～ 16 行程式碼**則新增 Excel 檔以及選取第一張工作表。

第 17 ～ 18 行程式碼將「幾年幾月」的資訊放入第 1 列第 4 欄，**第 19 ～ 21 行程式碼**則將「星期」放入第 2 列的 A 欄～ G 欄。**第 22 ～ 26 行程式碼**則建立了月曆。

第 22 行程式碼取得週的列表（week）與該列表為第幾欄（col）之後，**第 23 行程式碼**取得日期（day）以及該日期為第幾列（row），而**第 24 ～ 26 行程式碼**則在日期不為 0 的情況下，將日期存入位於特定列與欄的儲存格，**第 27 行程式碼**則轉存 Excel 檔。

執行這個程式之後，會轉存 Excel 檔（圖 8.25）以及顯示檔案名稱。

執行結果

轉存 2022_12.xlsx 了。

	A	B	C	D	E	F	G	H
1				2022年12月				
2	日	一	二	三	四	五	六	
3					1	2	3	
4	4	5	6	7	8	9	10	
5	11	12	13	14	15	16	17	
6	18	19	20	21	22	23	24	
7	25	26	27	28	29	30	31	
8								

圖8.25 月曆 2022_12.xlsx（2022 年 12 月）

撰寫程式吧！

「在 Excel 檔案製作月曆的程式（程式 8.66）」則是在儲存格輸入了字串，所以接下來讓我們試著設定文字大小、文字顏色、背景色，讓成果更像是月曆吧（程式 8.67）。

程式 8.67	chap8/make_ExcelCalendar.py

```
001  import PySimpleGUI as sg
002
003  import calendar
004  import openpyxl
005
006  value1 = "2022"
007  value2 = "12"
008  dayname = ["日","一","二","三","四","五","六"]
009
010  fontN = openpyxl.styles.Font(size=24)
011  fontB = openpyxl.styles.Font(size=24, color="0000FF")
012  fontR = openpyxl.styles.Font(size=24, color="FF0000")
013  fillB = openpyxl.styles.PatternFill(patternType="solid", ↵
       fgColor="AAAAFF")
014  fillR = openpyxl.styles.PatternFill(patternType="solid", ↵
       fgColor="FFAAAA")
015
016  #【在 Excel 檔新增月曆的函數】
017  def makecalendar(value1, value2):
018      year = int(value1)
019      month = int(value2)
020      savefile = str(year)+"_"+str(month)+".xlsx"
021
```

```
022    cal = calendar.Calendar(calendar.SUNDAY)
023    wb = openpyxl.Workbook()
024    ws = wb.active
025    for c in ["A","B","C","D","E","F","G"]:
026        ws.column_dimensions[c].width = 20
027    c = ws.cell(1,4)
028    c.value = str(year)+" 年 "+str(month)+" 月 "
029    c.font = fontN
030    for row in range(7):
031        c = ws.cell(2, row+1)
032        c.value = dayname[row]
033        c.font = fontN
034        c.alignment = openpyxl.styles.Alignment("center")
035        if row == 6:
036            c.font = fontB
037            c.fill = fillB
038        if row == 0:
039            c.font = fontR
040            c.fill = fillR
041    for (col, week) in enumerate(cal.monthdayscalendar(year, ↵
    month)):
042        ws.row_dimensions[col+3].height = 50
043        for (row, day) in enumerate(week):
044            if day > 0 :
045                c = ws.cell((col + 3), row+1)
046                c.value = day
047                c.font = fontN
048                if row == 6:
```

```
049                     c.font = fontB
050                 if row == 0:
051                     c.font = fontR
052     wb.save(savefile)——— Excel 轉存檔案
053     return " 轉存 "+savefile+" 了。"
054 
055 msg = makecalendar(value1, value2)
056 print(msg)
```

第 10 ～ 12 行程式碼將文字大小設定為 24，也準備了黑、藍、紅這三種文字顏色。**第 13 ～ 14 行程式碼**準備了藍與紅的背景色。**第 25 ～ 26 行程式碼**將欄 A ～ G 的欄寬設定為 20。

第 30 ～ 40 行程式碼顯示了星期。**第 34 行程式碼**讓星期的位置靠中對齊，**第 35 ～ 37 行程式碼**則讓星期六套用藍色的文字顏色與背景色。**第 38 ～ 40 行程式碼**則讓星期日套用紅色的文字顏色與背景色。

第 41 ～ 51 程式碼則顯示了日期。**第 48 ～ 49 行程式碼**則是讓星期六套用藍色的文字顏色，**第 50 ～ 51 行程式碼**則讓星期日套用紅色的文字顏色。**第 52 行程式碼**轉存了 Excel 檔。

執行這個程式之後，就會轉存設定了顏色的 Excel 檔，也會顯示檔案名稱（圖 8.26）。

執行結果

```
轉存 2022_12.xlsx 了。
```

	A	B	C	D	E	F	G	H
1				2022年12月				
2	日	一	二	三	四	五	六	
3					1	2	3	
4	4	5	6	7	8	9	10	
5	11	12	13	14	15	16	17	
6	18	19	20	21	22	23	24	
7	25	26	27	28	29	30	31	
8								

圖 8.26 月曆 2022_12.xlsx（2022 年 12 月）

轉換成應用程式！

輸入「年分」與「月分」，再按下「執行」按鈕就能新增月曆，所以這次要將「2
個輸入欄位的應用程式（範本 input2.pyw）」，改寫成「**在 Excel 檔新增月曆的應
用程式**」（圖 8.27、圖 8.28）。

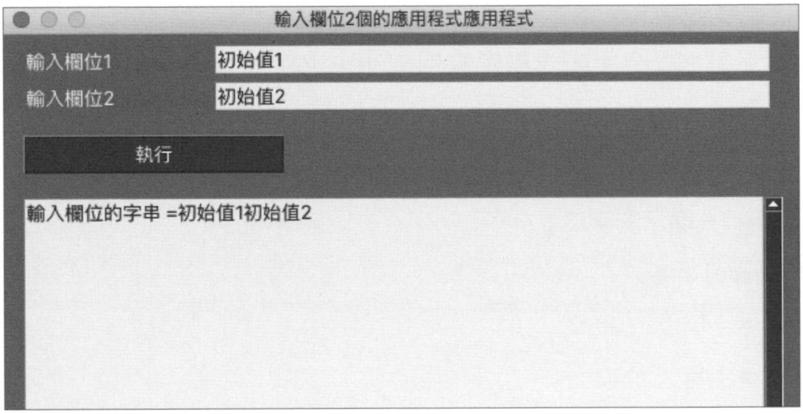

圖 8.27 要使用的範本：範本 input2.pyw

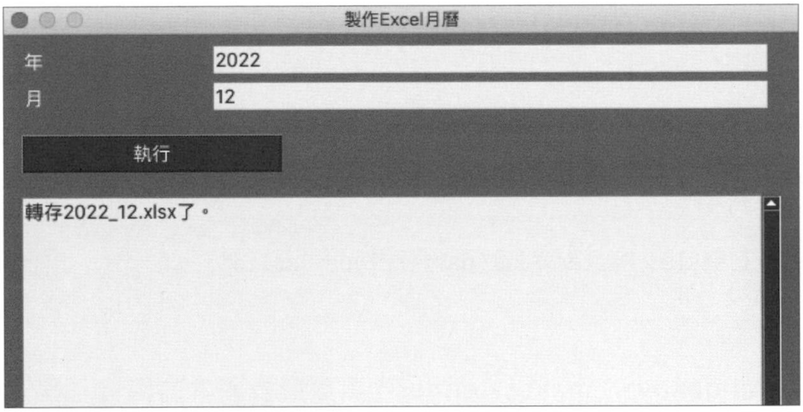

圖 8.28 應用程式的完成圖

❶ 複製檔案「範本 input2.py」，再將剛剛複製的檔案更名為「make_
ExcelCalendar.pyw」。

接著要複製與修正在「make_ExcelCalendar.py」執行的程式。

❷ 追加新增的函式庫（程式 8.68）。

程式8.68 修正範本：1

```
001  #【1.import 函式庫】
002  import calendar
003  import openpyxl
```

❸ 修正顯示的內容與參數。此外，事先設定文字大小、文字顏色與背景色（程式 8.69）。

程式8.69 修正範本：2

```
001  #【2. 設定於應用程式顯示的字串】
002  title = " 製作 Excel 月曆 "
003  label1, value1 = " 年 ", "2022"
004  label2, value2 = " 月 ", "12"
005  dayname = [" 日 "," 一 "," 二 "," 三 "," 四 "," 五 "," 六 "]
006
007  fontN = openpyxl.styles.Font(size=24)
008  fontB = openpyxl.styles.Font(size=24, color="0000FF")
009  fontR = openpyxl.styles.Font(size=24, color="FF0000")
010  fillB = openpyxl.styles.PatternFill(patternType="solid", ↵
       fgColor="AAAAFF")
011  fillR = openpyxl.styles.PatternFill(patternType="solid", ↵
       fgColor="FFAAAA")
```

❹ 以 make_excelCalendar.py 的 makecalendar() 函數置換原本的函數（程式 8.70）。

程式8.70 修正範本：3

```
001  #【3. 函數：在 Excel 檔新增月曆的函數】
002  def makecalendar(value1, value2):
003      year = int(value1)
```

004	month = int(value2)
005	savefile = str(year)+"_"+str(month)+".xlsx"
006	（…省略…）
007	wb.save(savefile) ——— Excel 轉存檔案
008	return " 轉存 "+savefile+" 了。"

❺ 執行函數（程式 8.71）。

程式8.71	修正範本：4
001	#【 4. 執行函數 】
002	msg = makecalendar(value1, value2)

如此一來就大功告成了（make_ExcelCalendar.pyw）。

這個應用程式可透過下列的步驟使用。

① 輸入「年」與「月」。

② 點選「執行」按鈕，就能根據指定的年分與月分輸出月曆，再轉存爲 Excel 檔（圖 8.29、圖 8.30）。

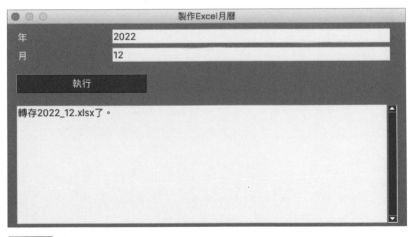

圖8.29 執行結果

	A	B	C	D	E	F	G	H
1				2022年12月				
2	日	一	二	三	四	五	六	
3					1	2	3	
4	4	5	6	7	8	9	10	
5	11	12	13	14	15	16	17	
6	18	19	20	21	22	23	24	
7	25	26	27	28	29	30	31	
8								

圖8.30 月曆 2022_12.xlsx（2022 年 12 月）

能利用 Excel 新增月曆了喲！

重新調整圖片大小
與儲存圖片

存取圖片檔

■ 編輯圖片的函式庫

要載入或編輯圖片檔可使用**外部函式庫** Pillow（PIL）（圖 9.1）。這個函式庫可讀寫 PNG、JPG 是其他格式的圖片檔。

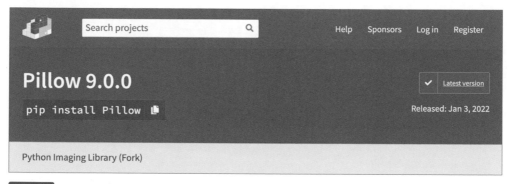

| Search projects 　　　Ｑ | 　　Help　　Sponsors　　Log in　　Register |

Pillow 9.0.0

`pip install Pillow`　✔ Latest version

Released: Jan 3, 2022

Python Imaging Library (Fork)

圖 9.1 Pillow（PIL）函式庫

https://pypi.org/project/Pillow/

※ Python 函式庫的網站有可能會顯示另外的數值。

Pillow（PIL）**函式庫**不是 Python 的標準函式庫，所以必須手動安裝。Windows 的環境可先啟動「命令提示字元」應用程式，macOS 則可先啟動「終端機」應用程式，再執行下列的命令安裝（語法 9.1、語法 9.2）。之後可利用「pip list」命令確認 Pillow（PIL）函式庫是否安裝完成。

語法 9.1 安裝 Pillow（PIL）函式庫（Windows）

```
py -m pip install Pillow

py -m pip list
```

語法9.2	安裝 Pillow（PIL）函式庫（macOS）

```
python3 -m pip install Pillow
python3 -m pip list
```

如此一來就能載入 Pillow（PIL）函式庫與相關的函式庫（語法 9.3）。

語法9.3	安裝 Pillow（PIL）函式庫（Windows）

```
from PIL import Image
```

接下來讓我們稍微了解一下 Image **函式庫的使用方法**。圖片檔有 JPG、PNG 以及各種格式。

JPG 格式是常見的照片格式。這種格式的壓縮比率很高，檔案容量也會變小。這種不會影響畫質以及刪除多餘資料的「不可逆壓縮」可讓圖片的檔案容量變小，所以有些部分的畫質會比原始圖片來得糟。副檔名為「.jpg」或「.jpeg」。

PNG 格式是常見的插圖或標誌的格式。這種格式的壓縮方式為「可逆壓縮」，所以圖片不會劣化，也因此能得到比 JPG 格式更鮮明的圖片。由於這種格式還具有透明度的資訊，所以可處理背景透明的圖片，但檔案容量也因此比 JPG 格式大一點。副檔名為「.png」。

Image 函式庫可讀寫 JPG、PNG 與各種圖片格式。接著就讓我們試著撰寫「**載入 PNG 檔，再以 PNG 格式轉存的程式**」。

第一步要先準備**測試專用的 PNG 檔**（圖 9.2），也可以先從 P.10 的網址下載範例檔，再使用其中的 chap9/earth.png 檔案。如果要使用自行準備的檔案，請變更程式 9.1 的第 3 行程式碼檔案名稱。程式 9.1 會載入這個檔案再進行相關的處理。

圖 9.2 earth.png

程式 9.1 為「載入 PNG 檔，再以 PNG 格式轉存的程式」。

程式 9.1	chap9/test9_1.py

```
001    from PIL import Image
002
003    infile = "earth.png"
004    savefile = "savePNG.png"
005
006    img = Image.open(infile)────────── 載入圖片檔
007    img.save(savefile, format="PNG")────── PNG 轉存檔案
```

第 1 行程式碼載入了 Image 函式庫，**第 3〜4 行程式碼**將「要載入檔案的名稱」與「轉存檔案的名稱」分別放入變數 infile 與 savefile，**第 6 行程式碼**則載入了 PNG 檔案，**第 7 行程式碼**轉存了 PNG 檔案。執行這個程式之後，會以「savePNG. png」這個檔案名稱轉存 PNG 檔（圖 9.3）。

圖 9.3 savePNG.png

若要調整圖片的大小可使用 resize() 命令指定圖片的寬度與高度。有許多方式可以調整圖片的大小，但如果使用 LANCZOS，就能在保持高畫質的前提下調整圖片的大小（語法 9.4）。

語法9.4 調整圖片的大小

```
圖片 = 圖片.resize((寬度，高度), Image.LANCZOS)
```

接著讓我們撰寫「**載入 PNG 檔，再將圖片縮小成 100×100（像素）的程式**」吧（程式 9.2）。

程式9.2 chap9/test9_2.py

```
001    from PIL import Image
002
003    infile = "earth.png"
004    savefile = "resize.png"
005
006    img = Image.open(infile)
007    img = img.resize((100, 100), Image.LANCZOS) ——— 調整大小
008    img.save(savefile, format="PNG")
```

第 6 行程式碼載入了 PNG 檔。**第 7 行程式碼**調整了圖片的大小。**第 8 行程式碼**轉存了 PNG 檔案。

執行這個程式之後，就會以「resize.png」這個檔案名稱轉存 100×100（像素）的圖片（圖 9.4）。

圖9.4 **resize.png**

雖然這樣就能縮小圖片，但是，圖片的長寬比不同時，會得到什麼結果？讓我們試著縮小圖 9.5 這種縱長的圖片（earthH.png）。

圖9.5 earthH.png

請試著將程式 9.2 的第 3 行程式碼變更為程式 9.3 的檔案名稱。

程式9.3 變更檔案名稱再執行程式

```
001    infile = "earthH.png"
```

圖9.6 resize.png

如此一來，圖片就會因為縮小成 100×100，而導致圖片的高度縮小（圖 9.6）。如果希望在縮小圖片的時候，保持圖片的長寬比，就必須「**固定長寬比再縮放圖片**」。此時「**若以長度與寬度較長的一邊為基準，算出縮放比例，再讓較短的一邊以同樣的比率縮放**」，就能以長寬比固定的方式縮放圖片。

讓我們試著撰寫「**載入 PNG 檔，再以長寬比固定的方式，讓圖片縮小至 100×100（像素）以下的程式**」（程式 9.4）。

```
001    from PIL import Image
002
003    infile = "earthH.png"
004    savefile = "resize.png"
005
006    max_size = 100
007    img = Image.open(infile)
008    ratio = max_size / max(img.size) ———— 根據長寬較長的一邊決定縮放比率
009    w = int(img.width * ratio)
010    h = int(img.height * ratio)
011    img = img.resize((w, h), Image.LANCZOS) ———— 調整大小
012    img.save(savefile, format="PNG")
```

9

重新調整圖片大小與儲存圖片

第 8 行程式碼以長寬較長的一邊為基準，計算了縮放的比率。**第 9 ～ 10 行程式碼**以這個比率算出長寬的大小。**第 11 行程式碼**調整了圖片的大小。

執行這個程式之後，就會以「resize.png」這個檔案名稱在長寬比固定的情況下，轉存 100×100 以下的圖片（圖 9.7）。

圖 9.7　resize.png

如果想在圖片繪製圖案，可另外載入 ImageDraw 命令（語法 9.5）。

```
from PIL import ImageDraw
```

ImageDraw 可在圖片繪製圖案。比方説，讓我們一起撰寫「**載入 PNG 檔，於圖片繪製紅色斜線，再轉存圖片的程式**」吧（程式 9.5）。

程式9.5　　chap9/test9_4.py

```
001   from PIL import Image
002   from PIL import ImageDraw
003
004   infile = "earth.png"
005   savefile = "redline.png"
006
007   img = Image.open(infile)
008   draw = ImageDraw.Draw(img)————— 在圖片畫線的準備
009   draw.line((0, 0, img.width, img.height), fill="RED", width=8)
      ————— 畫線
010   img.save(savefile, format="PNG")
```

第 2 行程式碼載入了 ImageDraw。**第 8 行程式碼**則是在圖片畫線的事前準備。**第 9 行程式碼**繪製了左上（0,0）到右下（img.width,img.height）的紅色斜線。執行這個程式之後，就會以「redline.png」這個檔名轉存畫了一條紅色斜線的圖片（圖 9.8）。

圖9.8　redline.png

到目前為止，都是處理 PNG 格式的圖片，但這些處理方式也能套用在 JPG 格式上，唯一的差別只在 JPG 格式沒有透明度資訊。

基本上，「**載入 JPG 格式的圖片，再轉存為 PNG 格式的圖片**」不會有什麼問題；但是，「**載入 PNG 格式的圖片，再轉為 JPG 格式的圖片**」就要注意一點，那就是透明的部分會變成黑色（圖 9.9）。

圖 9.9　失敗圖片

如果希望透明的部分變成白色，可新增一張大小相同的白底圖片，再將 PNG 圖片疊在上面，轉存為 JPG 圖片，透明的部分就會變成白色。

程式 9.6 就是「**載入 PNG 檔，再轉存為 JPG 圖檔的程式**」。

程式9.6	chap9/test9_5.py

```
001   from PIL import Image
002
003   infile = "earth.png"
004   savefile = "saveJPG.jpg"
005
006   img = Image.open(infile)
007   if img.format == "PNG":
008       newimg = Image.new("RGB", img.size, "WHITE")
009       newimg.paste(img, mask=img)         ── 將 PNG 檔壓在白底圖片上
010       newimg.save(savefile, format="JPEG")  ── JPG 轉存檔案
```

```
011    elif img.format == "JPEG":
012        img.save(savefile, format="JPEG")– JPG 轉存檔案
```

第 7 行程式碼先確定圖片為 PNG 格式。如果是 PNG 格式就執行**第 8 ～ 10 行程式碼**的處理。

第 8 行程式碼新增了與圖片同樣大小的白底圖片，**第 9 行程式碼**則是將 PNG 檔壓在這張白底圖片上面。**第 10 行程式碼**則是以 JPG 格式轉存這張合成圖片。

第 11 行程式碼確認圖片為 JPG 格式。如果是 JPG 格式就直接轉存。

執行這個程式之後，就會以「saveJPG.jpg」這個檔案名稱，轉存為 JPG 格式的圖檔（圖 9.10）。

圖 9.10 saveJPG.jpg

在學會各種圖片處理之後，讓我們一起解決與圖片檔有關的各種問題吧。

將圖片儲存為 PNG 格式：save_PNGs

Recipe **2** Chapter 9

 想解決這種問題！

 資料夾裡面混雜著 JPG 格式與 PNG 的圖檔，但我想將所有圖檔都統一為 PNG 格式，可是又不想手動一個一個轉換。

 有什麼方法可以解決呢？

如果要讓電腦幫忙解決這個問題，到底該怎麼做呢？應該可透過下列兩種處理解決（圖 9.11）。

① 取得特定資料夾之內的 JPG 圖檔與 PNG 圖檔的名稱。

② 載入圖片檔，再以 PNG 格式轉存。

圖 9.11 應用程式的完成圖

319

解決問題所需的命令？

② 「載入圖片檔，再以 PNG 格式轉存」，可使用「**載入 PNG 檔再以 PNG 格式轉存的程式**」（程式 9.1）」完成。

① 「取得特定資料夾之內的 JPG 圖檔與 PNG 圖檔的名稱」，應該可使用「取得資料夾的檔案列表」這個程式（程式 4.3）完成，但差別在於副檔名有 JPG 與 PNG 這兩種。

這部分可利用列表建立迴圈，進行相關處理，也就是將多個副檔名放入列表，再利用這個列表進行迴圈處理。

讓我們試著撰寫「**取得資料夾 JPG 格式與 PNG 格式的檔案名稱列表**」程式吧。

第一步得先建立**存放多張 PNG 圖檔與 JPG 圖檔的測試專用資料夾**，也可以先從 P.10 的網址下載範例檔，再使用其中的 chap9/testfolder 資料夾（圖 9.12）。如果要使用自行準備的資料夾，請變更程式 9.7 的第 3 行程式碼資料夾名稱。程式 9.7 會載入這個資料夾，再進行相關的處理。

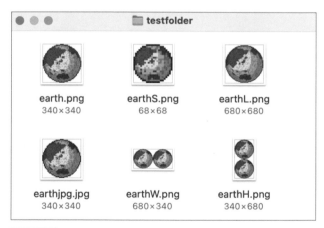

圖 9.12 testfolder

程式9.7	chap9/test9_6.py

```
001   from pathlib import Path
002
003   infolder = "testfolder"
```

```
004   extlist = ["*.jpg","*.png"]
005
006   msg = ""
007   for ext in extlist: ─────────────── 以多個副檔名調查
008       filelist = []
009       for p in Path(infolder).glob(ext): ─── 將這個資料夾的檔案
010           filelist.append(str(p)) ─────── 新增至列表
011       for filename in sorted(filelist): ── 再替每個檔案排序
012           msg += filename + "\n"
013   print(msg)
```

第 4 行程式碼建立了 JPG、PNG 這類副檔名的列表，**第 7 行程式碼**則是透過迴圈從副檔名列表取出元素，再將元素放入變數 ext。**第 8 ～ 12 行程式碼**則是利用變數 ext 的副檔名取得檔案名稱列表，再顯示檔案名稱。

執行這個程式之後，會顯示 JPG 格式與 PNG 格式的檔案名稱列表。

執行結果

```
testfolder/earthjpg.jpg
testfolder/earth.png
testfolder/earthH.png
testfolder/earthL.png
testfolder/earthS.png
testfolder/earthW.png
```

 撰寫程式吧！

接著要利用上述的程式，撰寫「**將資料夾的圖片（JPG 格式與 PNG 格式），轉存為 PNG 圖檔的程式（save_PNGs.py）**」（程式 9.8）。

```
001  from pathlib import Path
002  from PIL import Image
003
004  infolder = "testfolder"
005  value1 = "outputfolder1"
006  extlist = ["*.jpg","*.png"]
007
008  #【函數：儲存 png 檔案】
009  def savepng(readfile, savefolder):
010      try:
011          img = Image.open(readfile)──────── 載入圖片檔
012          savedir = Path(savefolder)
013          savedir.mkdir(exist_ok=True)──────── 建立轉存資料夾
014          filename = Path(readfile).stem+".png"──── 建立檔案名稱
015          img.save(savedir.joinpath(filename), format="PNG")
              ──────── 以 png 格式轉存
016          msg = " 在 "+savefolder + " 轉存 " + filename + " 了唷。\n"
017          return msg
018      except:
019          return readfile + "：程式執行失敗。"
020  #【函數：處理資料夾之內的圖片檔】
021  def savefiles(infolder, savefolder):
022      msg = ""
023      for ext in extlist:──────────────── 以多個副檔名調查
024          filelist = []
025          for p in Path(infolder).glob(ext):────── 將這個資料夾的檔案
026              filelist.append(str(p))──────── 新增至列表
027          for filename in sorted(filelist):──────── 再替每個檔案排序
```

```
028              msg += savepng(filename, savefolder)
029        return msg
030
031    #【執行函數】
032    msg = savefiles(infolder, value1)
033    print(msg)
```

第 1 ～ 2 行程式碼載入了 pathlib 函式庫的 Path 與 Pillow 函式庫的 Image。第 6 行程式碼則替 JPG 與 PNG 的副檔名建立了變數 extlist 這個列表。

第 9 ～ 19 行程式碼建立了「儲存 png 圖檔的函數（savepng）」。第 11 行程式碼載入了圖片檔。第 12 ～ 13 行程式碼建立了轉存資料夾。第 14 行程式碼建立了檔案名稱。第 15 行程式碼轉存了 PNG 圖檔。第 16 行程式碼將這些 PNG 圖檔的檔案名稱新增至變數 msg。

第 21 ～ 29 行程式碼建立了「處理資料夾圖片檔的函數（savefiles）」。第 23 行程式碼以迴圈的方式，逐次從變數 extlist 的列表取出元素。第 25 ～ 26 行程式碼將資料夾的檔案的名稱新增至 filelist。第 27 ～ 28 行程式碼則是重新排序檔案列表，再逐次調查每個檔案。

第 32 ～ 33 行程式碼在執行 savefiles() 函數之後，顯示執行結果。

執行這個程式之後，會將 PNG 圖檔轉存至 outputfolder1 資料夾（圖 9.13）。

執行結果

在 outputfolder1 轉存 earthjpg.png 了喲。

在 outputfolder1 轉存 earth.png 了喲。

在 outputfolder1 轉存 earthH.png 了喲。

在 outputfolder1 轉存 earthL.png 了喲。

在 outputfolder1 轉存 earthS.png 了喲。

在 outputfolder1 轉存 earthW.png 了喲。

圖 9.13 執行結果

 轉換成應用程式！

接著要將這個 save_PNGs.py 轉換成應用程式。

這個 save_PNGs.py 會在選取「資料夾名稱」與輸入「轉存資料夾名 稱」之後執行，所以可利用 **「選取資料夾 +1 個輸入欄位的應用程式（範本 folder_input1. pyw）」** 製作（圖 9.14、圖 9.15）。

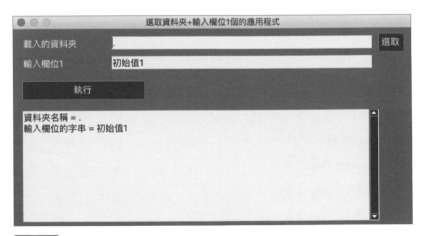

圖 9.14 要使用的範本：範本 folder_input1.pyw

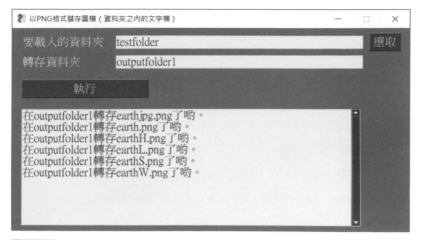

圖9.15 應用程式的完成圖

❶ 複製檔案「範本 folder_input1.pyw」，再將剛剛複製的檔案更名爲「save_PNGs.pyw」。

接著要複製與修正在「save_PNGs.py」執行的程式。

❷ 追加新增的函式庫（程式 9.9）。

程式9.9	修正範本：1

```
001   #【1.import 函式庫】
002   from pathlib import Path
003   from PIL import Image
```

❸ 修正顯示的內容與參數（程式 9.10）。

程式9.10	修正範本：2

```
001   title = " 以 PNG 格式儲存圖檔（資料夾之內的文字檔）"
002   infolder = "testfolder"
003   label1, value1 = " 轉存資料夾 ", "outputfolder1"
004   extlist = ["*.jpg","*.png"]
005   extlist = ["*.jpg","*.png"]
```

❹ 置換函數（程式 9.11）。

```
001  #【3. 函數：儲存 png 檔案】
002  def savepng(readfile, savefolder):
003      try:
004          img = Image.open(readfile)──────── 載入圖片檔
005          savedir = Path(savefolder)
006          savedir.mkdir(exist_ok=True)──────── 建立轉存資料夾
007          filename = Path(readfile).stem+".png"────── 建立檔案名稱
008          img.save(savedir.joinpath(filename), format="PNG")
             ─────── 以 png 格式轉存
009          msg = " 在 "+savefolder + " 轉存 " + filename + " 了喲。\n"
010          return msg
011      except:
012          return readfile + " : 程式執行失敗。"
013  #【函數：處理資料夾之內的圖片檔】
014  def savefiles(infolder, savefolder):
015      msg = ""
016      for ext in extlist:──────────────────── 以多個副檔名調查
017          filelist = []
018          for p in Path(infolder).glob(ext):──────── 將這個資料夾的檔案
019              filelist.append(str(p))──────── 新增至列表
020          for filename in sorted(filelist):──────── 再替每個檔案排序
021              msg += savepng(filename, savefolder)
022      return msg
```

❺ 執行函數（程式 9.12）。

程式9.12	修正範本：4

```
001  #【4. 執行函數】
002  msg = savefiles(infolder, value1)
```

如此一來就大功告成了（save_PNGs.pyw）。

這個應用程式可利用下列的步驟執行。

① 點選「選取」，選擇「要載入的資料夾」。

② 在「轉存資料夾」輸入轉存資料夾的名稱。

③ 點選「執行」按鈕，在 ① 選取資料夾的 JPG 圖檔與 PNG 圖檔，就會以 PNG 格式轉存至剛剛選取的轉存資料夾（圖 9.16）。

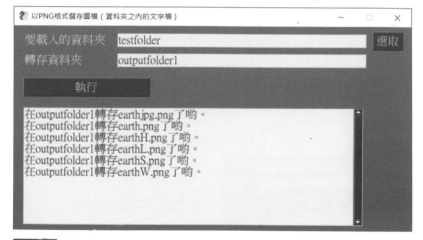

圖9.16 執行結果

圖片都能轉存爲 PNG 格式了喲！

重新調整圖片大小再儲存：resize_PNGs

Recipe **3** Chapter 9

 ## 想解決這種問題！

 資料夾裡面有很多個 JPG 格式與 PNG 格式的圖檔。我想縮小這些圖片，但覺得一張張手動縮小很麻煩啊

 ## 有什麼方法可以解決呢？

如果要請電腦幫忙完成這個處理，該怎麼做呢？

① 取得資料夾之中的 JPG 圖檔與 PNG 圖檔的檔案名稱。

② 載入圖片檔，縮小圖片再以 PNG 格式轉存（圖 9.17）。

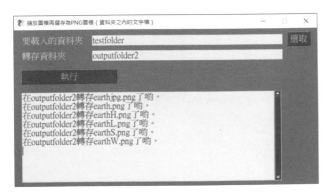

圖 9.17 應用程式的完成圖

解決問題所需的命令？

解決這個問題所需的命令，與「**將資料夾的圖片轉存為 PNG 圖檔的程式（save_PNGs.py）**」（程式 9.8）幾乎一樣。

差別只在②的「縮小圖片」這個部分，但這個部分應該也可透過「**載入 PNG 檔，再以固定的長寬比讓圖片縮放至 100×100（像素）以下的程式（程式 9.4）**」完成。

換言之，只要複製 save_PNGs.py，再於轉存圖片之前，新增**程式 9.4** 的處理就可以了。

 撰寫程式吧！

接下來要將程式 9.8 的「**將資料夾的圖片轉存為 PNG 圖檔的程式（save_PNGs.py）**」，改寫成「**縮小資料夾之內的圖片，再轉存為 PNG 圖檔的程式（resize_PNGs.py）**」。

❶ 複製檔案「save_PNGs.py」，再將檔名更改為「resize_PNGs.py」，接著要修正這個程式的內容。

❷ 將第 5 行程式碼的儲存位置變更為「outputfolder2」，再於第 6 行程式碼宣告 value2 這個設定縮放大小的變數（程式 9.13）。

由於執行應用程式之後會以字串的格式輸入縮放大小，所以 value2 的數值也要宣告為字串格式。

程式9.13	指定儲存位置與縮放大小

```
001   value1 = "outputfolder2"
002   value2 = "100"
```

❸ 在第 11 行程式碼追加將 value2 的字串轉換成整數，再放入變數 maxisze 的處理（程式 9.14）。

程式9.14	轉換字串與變數的處理

```
001       maxsize = int(value2)
```

❹ 在第 14 〜 19 行程式碼追加「固定長寬比與縮放圖片的處理」。

換言之，第 13 〜 20 行程式碼就是程式 9.15 的內容。

程式9.15	追加「固定長寬比與縮放圖片的處理」

```
001        img = Image.open(readfile)──────── 載入圖片檔
002        #--------------------------------
003        ratio = maxsize / max(img.size)──── 以長寬之中較長的一邊決定比率
004        w = int(img.width * ratio)
005        h = int(img.height * ratio)
006        img = img.resize((w, h), Image.LANCZOS)──────── 調整大小
007        #--------------------------------
008        savedir = Path(savefolder)
```

如此一來就大功告成了（resize_PNGs.py）。

執行這個程式之後，圖片會縮放至 100×100（像素）以下的 PNG 圖檔，再轉存至 outputfolder2 資料夾（圖 9.18）。

執行結果

在 outputfolder2 轉存 earthjpg.png 了喲。

在 outputfolder2 轉存 earth.png 了喲。

在 outputfolder2 轉存 earthH.png 了喲。

在 outputfolder2 轉存 earthL.png 了喲。

在 outputfolder2 轉存 earthS.png 了喲。

在 outputfolder2 轉存 earthW.png 了喲。

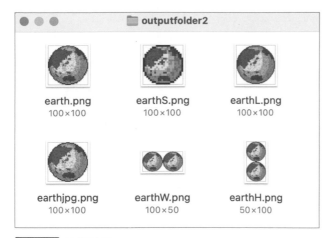

圖9.18 執行結果

 轉換成應用程式！

應用程式的部分也要利用剛剛 Recipe 2 的「**將資料夾的圖片轉存為 PNG 圖檔的程式（save_PNGs.pyw）**」製作（圖 9.19）。

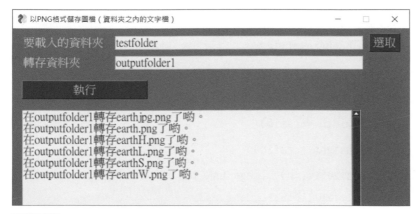

圖9.19 要使用的應用程式：save_PNGs.pyw

❶ 複 製 檔 案「save_PNGs.pyw」，再 將 剛 剛 複 製 的 檔 案 更 名 為「resize_PNGs.pyw」。

接著要複製與修正這個在「resize_PNGs.py」執行的程式。

❷ 變更第 8 ～ 11 行程式碼的顯示內容與參數（程式 9.16）。

程式9.16	變更顯示內容與參數

```
001   title = " 縮放圖檔再儲存為 PNG 圖檔（資料夾之內的文字檔）"
002   infolder = "testfolder"
003   label1, value1 = " 轉存資料夾 ", "outputfolder2"
004   label2, value2 = " 最大像素 ", "100"
005   extlist = ["*.jpg","*.png"]
```

❸ 在第 16 行程式碼追加，將 value2 的字串轉換成整數，再放入變數 maxsize 的處理（程式 9.17）。

程式9.17	追加將字串轉換成整數，再存入變數 maxsize 的處理

```
001       maxsize = int(value2)
```

❹ 在第 19 ～ 24 行程式碼追加「固定長寬比與縮放圖片大小的處理」。

第 18 ～ 25 行程式碼為程式 9.18 的內容。

程式9.18	追加「固定長寬比與縮放圖片大小的處理」

```
001       img = Image.open(readfile)———————— 載入圖片檔
002       #----------------------------------
003       ratio = maxsize / max(img.size)——— 以長寬之中較長的一邊決定比率
004       w = int(img.width * ratio)
005       h = int(img.height * ratio)
006       img = img.resize((w, h), Image.LANCZOS)———調整大小
007       #----------------------------------
008       savedir = Path(savefolder)
```

如此一來就大功告成了（resize_PNGs.pyw）。

這個應用程式可利用下列的步驟執行。

① 點選「選取」，選擇「要載入的資料夾」。

② 在「轉存資料夾」輸入轉存資料夾的名稱。

③ 點選「執行」按鈕，就會縮小資料夾的 JPG 圖檔與 PNG 圖檔，再以 PNG 格式轉存至剛剛輸入的轉存資料夾（圖 9.20）。

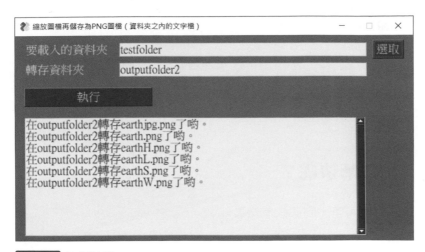

圖 9.20 執行結果

縮小圖片，就能做出縮圖囉！

Recipe
4
Chapter 9

在圖片檔畫斜線再儲存：redline_PNGs

想解決這種問題！

我手邊很有多圖檔，但很擔心被盜用，所以想在圖片畫斜線，但不想一張張手動在圖片上畫斜線。

有什麼方法可以解決呢？

如果要請電腦幫忙解決這個問題，到底該怎麼做呢？

① 取得特定資料夾的 JPG 圖檔與 PNG 檔案的檔案名稱。

② 載入圖片檔，在圖片畫斜線，再以 PNG 格式轉存圖片（圖 9.21）。

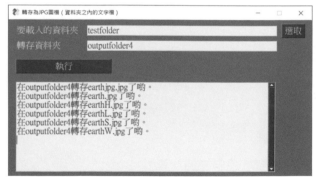

圖 9.21 應用程式的完成圖

解決問題所需的命令？

解決這個問題所需的命令，與程式 9.8 的「**將資料夾的圖片轉存為 PNG 圖檔的程式（save_PNGs.py）**」幾乎相同。

差別只在②的「在圖片畫斜線」的部分，但這個部分應該也可利用「**載入 PNG 圖檔、畫上紅色斜線，再轉存圖檔的程式（程式 9.5）**」完成。

換言之，就是複製 save_PNGs.py，再於轉存圖檔之前追加**程式 9.5** 的處理即可。

 ## 撰寫程式吧！

接下來讓我們將程式 9.8 的「**將資料夾的圖片轉存為 PNG 圖檔的程式（save_PNGs.py）**」，改寫成「**在資料夾的圖片畫紅色斜線，再以 PNG 格式轉存圖檔的程式（redline_PNGs.py）**」吧。

❶ 複製檔案「save_PNGs.py」，再將剛剛複製的檔案更名爲「redline_PNGs.py」，然後修正這個檔案的內容。

❷ 在第 3 行程式碼新增下列的 import 句（程式 9.19）。

程式9.19　新增 import 句
001　from PIL import ImageDraw

❸ 將第 6 行程式碼的儲存位置改成「outputfolder3」（程式 9.20）。

程式9.20　變更儲存位置
001　value1 = "outputfolder3"

❹ 在第 13 ～ 16 行程式碼新增「在圖片繪製紅色斜線的處理」。

第 12 ～ 17 行程式碼的內容為程式 9.21。

程式9.21	追加「在圖片繪製紅色斜線的處理」
001	img = Image.open(readfile)———— 載入圖片檔
002	#--------------------------------
003	draw = ImageDraw.Draw(img)
004	draw.line((0, 0, img.width, img.height), fill="RED", ↵ width=8)
005	#--------------------------------
006	savedir = Path(savefolder)

如此一來就大功告成了（redline_PNGs.py）。

執行這個程式之後，會在 outputfolder3 資料夾轉存畫了紅色斜線的 PNG 圖檔（圖 9.22）。

執行結果

在 outputfolder3 轉存 earthjpg.png 了喲。

在 outputfolder3 轉存 earth.png 了喲。

在 outputfolder3 轉存 earthH.png 了喲。

在 outputfolder3 轉存 earthL.png 了喲。

在 outputfolder3 轉存 earthS.png 了喲。

在 outputfolder3 轉存 earthW.png 了喲。

圖9.22 執行結果

轉換成應用程式！

應用程式的部分也要利用剛剛 Recipe3 的「**將資料夾的圖片轉存為 PNG 圖檔的程式（save_PNGs.pyw）**」製作（圖 9.23）。

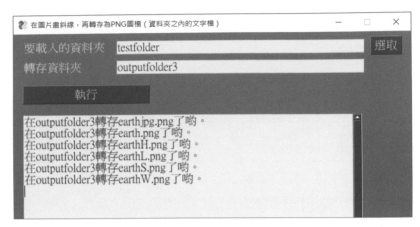

圖 9.23 要使用的應用程式：save_PNGs.pyw

❶ 複製檔案「save_PNGs.pyw」，再將剛剛複製的檔案更名為「redline_PNGs.pyw」。

接下來要複製與修正在「redline_PNGs.py」執行的程式。

❷ 在第 6 行程式碼新增下列的 import 句（程式 9.22）。

程式9.22	新增 import 句

```
001   from PIL import ImageDraw
```

❸ 變更第 9 ～ 12 行程式碼的顯示內容或參數（程式 9.23）。

程式9.23	變更顯示內容或參數

```
001   title = " 在圖片畫斜線，再轉存為 PNG 圖檔（資料夾之內的文字檔）"
002   infolder = "testfolder"
003   label1, value1 = " 轉存資料夾 ", "outputfolder3"
004   extlist = ["*.jpg","*.png"]
```

❹ 在第 18 ～ 21 行程式碼新增「在圖片繪製紅色斜線的處理」。

第 17 ～ 22 行程式碼的內容為程式 9.24。

程式9.24	追加「在圖片繪製紅色斜線的處理」
001	img = Image.open(readfile)————— 載入圖片檔
002	#----------------------------------
003	draw = ImageDraw.Draw(img)
004	draw.line((0, 0, img.width, img.height), fill="RED", ↵ width=8)
005	#----------------------------------
006	savedir = Path(savefolder)

如此一來就大功告成了（redline_PNGs.pyw）。

這個應用程式可透過下列的步驟使用。

① 點選「選取」，選擇「要載入的資料夾」。

② 在「轉存資料夾」輸入轉存資料夾的名稱。

③ 點選「執行」按鈕，就會在資料夾的 JPG 圖檔與 PNG 圖檔繪製斜線，再以 PNG 格式轉存至剛剛輸入的轉存資料夾（圖 9.24）。

圖 9.24 執行結果

在圖片繪製斜線與轉存圖檔了喲！

將圖片儲存爲 JPG：save_JPGs

 ## 想解決這種問題！

 資料夾裡面有 JPG 圖檔，也有 PNG 圖檔。我想全部整理成 JPG 圖檔，但覺得手動轉換很麻煩耶。

 ## 有什麼方法可以解決呢？

這個處理與程式 9.8 的「將資料夾的圖片轉存爲 PNG 圖檔的程式（save_PNGs.py）」幾乎一樣。

① 取得資料夾的 JPG 圖檔與 PNG 圖檔的檔案名稱。

② 載入圖檔，轉存爲 JPG 圖檔（圖 9.25）。

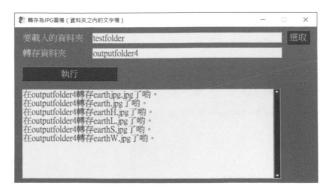

圖 9.25 應用程式的完成圖

解決問題所需的命令?

兩個程式的差別只在②的「轉存爲 JPG 圖檔」,但這個部分應該也能利用「載入 PNG 圖檔,再轉存爲 JPG 圖檔的程式(程式 9.6)」完成。

換言之,只需要複製 save_PNGs.py(程式 9.8),再將轉存圖檔的部分改寫成**程式 9.6** 的處理即可。

 撰寫程式吧!

話不多說,讓我們將程式 9.8 的「**將資料夾的圖片轉存爲 PNG 圖檔的程式(sve_PNGs.py)**」,改寫成「**將資料夾的圖片轉存爲 JPG 圖檔的程式(save_JPGs.py)**」吧。

❶ 複製檔案「save_PNGs.py」,再將剛剛複製的檔案更名爲「save_JPGs.py」,然後修正這個檔案的內容。

❷ 將第 5 行程式碼的儲存位置變更爲「outputfolder4」(程式 9.25)。

程式 9.25	變更儲存位置
001	value1 = "outputfolder4"

❸ 將第 14 ~ 15 行程式碼的「轉存爲 PNG 圖檔的處理」(程式 9.26),改寫爲「轉存爲 JPG 圖檔的處理」(程式 9.27)。

程式 9.26	變更前
001	filename = Path(readfile).stem+".png"
002	img.save(savedir.joinpath(filename), format="PNG")

程式 9.27	變更後
001	#--------------------------------
002	filename = Path(readfile).stem+".jpg"
003	savepath = savedir.joinpath(filename)
004	if img.format == "PNG":

```
005         newimg = Image.new("RGB", img.size, "white")
006         newimg.paste(img, mask=img.split()[3])
007         newimg.save(savepath, format="JPEG", quality=95)
008     elif img.format == "JPEG":
009         img.save(savepath, format="JPEG", quality=95)
010         #---------------------------------
```

如此一來就大功告成了（save_JPGs.py）。

執行這個程式之後，就會在 outputfolder4 資料夾轉存 JPG 圖檔（圖 9.26）。

> **執行結果**
>
> 在 outputfolder4 轉存 earthjpg.jpg 了喲。
>
> 在 outputfolder4 轉存 earth.jpg 了喲。
>
> 在 outputfolder4 轉存 earthH.jpg 了喲。
>
> 在 outputfolder4 轉存 earthL.jpg 了喲。
>
> 在 outputfolder4 轉存 earthS.jpg 了喲。
>
> 在 outputfolder4 轉存 earthW.jpg 了喲。

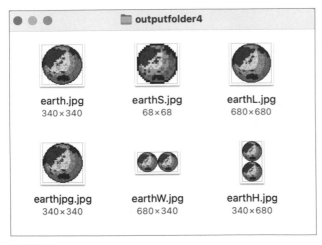

圖 9.26 執行結果

轉換成應用程式！

應用程式的部分也要利用剛剛 Recipe 3 的「**將資料夾的圖片轉存為 PNG 圖檔的程式（save_PNGs.pyw）**」製作（圖 9.27）。

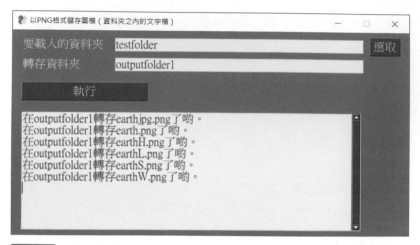

圖 9.27 要使用的應用程式：save_PNGs.pyw

❶ 複 製 檔 案「save_PNGs.pyw」，再 將 剛 剛 複 製 的 檔 案 更 名 為「save_JPGs. pyw」，然後修正這個檔案的內容。

接下來要複製與修正在「save_JPGs.py」執行的程式。

❷ 修正第 8 ～ 11 行程式碼的顯示內容或參數（程式 9.28）。

程式9.28	變更顯示內容或參數

```
001    title = " 轉存為 JPG 圖檔（資料夾之內的文字檔）"
002    infolder = "testfolder"
003    label1, value1 = " 轉存資料夾 ", "outputfolder4"
004    extlist = ["*.jpg","*.png"]
```

❸ 將第 19 ～ 20 行程式碼的「轉存爲 PNG 圖檔的處理」（程式 9.29），改寫爲「轉存爲 JPG 圖檔的處理」（程式 9.30）。

程式9.29	變更前
001	`filename = Path(readfile).stem+".png"`
002	`img.save(savedir.joinpath(filename), format="PNG")`

程式9.30	變更後
001	`#--------------------------------`
002	`filename = Path(readfile).stem+".jpg"`
003	`savepath = savedir.joinpath(filename)`
004	`if img.format == "PNG":`
005	`    newimg = Image.new("RGB", img.size, "white")`
006	`    newimg.paste(img, mask=img.split()[3])`
007	`    newimg.save(savepath, format="JPEG", quality=95)`
008	`elif img.format == "JPEG":`
009	`    img.save(savepath, format="JPEG", quality=95)`
010	`#--------------------------------`

如此一來就大功告成了（save_JPGs.pyw）。

這個應用程式可透過下列的步驟執行。

① 點選「選取」，選擇「要載入的資料夾」。

② 在「轉存資料夾」輸入轉存資料夾的名稱。

③ 點選「執行」按鈕，就會將資料夾的 JPG 圖檔與 PNG 圖檔轉存爲 JPG 圖檔，再轉存至剛剛設定的轉存資料夾（圖 9.28）。

転存為JPG圖檔（資料夾之內的文字檔）　　　　　　─　□　×

要載入的資料夾　testfolder　　　　　　　　　　　　選取

轉存資料夾　　　outputfolder4

執行

在outputfolder4轉存earth.jpg.jpg了喲。
在outputfolder4轉存earth.jpg了喲。
在outputfolder4轉存earthH.jpg了喲。
在outputfolder4轉存earthL.jpg了喲。
在outputfolder4轉存earthS.jpg了喲。
在outputfolder4轉存earthW.jpg了喲。

圖9.28 執行結果

圖片轉存為 JPG 格式囉！

10

語音與影片的播放時間

Recipe 1 Chapter 10

取得語音（MP3）的播放時間

■ 取得語音檔案的函式庫

要取得語音檔案可使用**外部函式庫** mutagen。這個函式庫可取得 MP3 格式的語音檔案（圖 10.1）。

圖10.1 mutagen 函式庫

https://pypi.org/project/mutagen/

※ Python 函式庫的網站有可能會顯示另外的數值。

由於 mutagen **函式庫**不是標準函式庫，所以必須手動安裝。如果是 Windows 系統可先啟用「命令提示字元」，macOS 系可先啟動「終端機」程式，再分別輸入語法 10.1 與語法 10.2 的命令安裝。之後可利用「pip list」命令確定 mutagen 已成功安裝。

語法10.1 安裝 mutagen 函式庫（Windows）

```
py -m pip install mutagen
py -m pip list
```

語法10.2	安裝 mutagen 函式庫（macOS）

```
python3 -m pip install mutagen
```

```
python3 -m pip list
```

如此一來，就能載入函式庫再使用相關的命令（語法 10.3）。

語法10.3	載入 mutagen

```
from mutagen.mp3 import MP3
```

接著讓我們稍微了解 **mutagen 函式庫的使用方法**。mutagen 函式庫可取得語音檔的資訊，也能編輯標籤，而這次讓我們一起了解「取得播放時間的方法」。

要載入 MP3 格式的語音檔必須使用「**變數 = MP3（檔案路徑）**」命令。接著只需要取得這個物件的「info.length」，就能得知播放時間（語法 10.4）。

語法10.4	**取得語音檔的播放時間**

```
audio = MP3( 檔案路徑 )
```

```
播放秒數 = audio.info.length
```

這樣雖然能取得 MP3 語音檔的播放時間，單位卻是秒數，一旦播放時間太長，例如「1000 秒」的話，通常會想轉換成「0:16:40」這種簡單易懂的時分秒格式才對。

關於時間的處理可使用其他的函式庫，比方說使用標準函式庫的 **datetime 函式庫**，就能將秒轉換成時分秒格式。可利用語法 10.5 這種命令轉換成這種格式。

語法10.5	**將 1000 秒轉換成時分秒格式**

```
import datetime
```

```
sec = 1000
```

```
timestr = str(datetime.timedelta(seconds=sec))
```

讓我們試著利用這個語法製作「**顯示語音檔播放時間的程式**」吧。

第一步要先準備測試專用的 MP3 檔案。也可以先從 P.10 的網址下載範例檔，再使用其中的 chap10/testmusic1.mp3 檔。如果要使用自行準備的檔案請變更程式 10.1 的第 4 行程式碼檔案名稱。程式 10.1 會載入這個檔案再進行相關的處理。

程式10.1 chap10/test10_1.py

```
001  from mutagen.mp3 import MP3
002  import datetime
003
004  infile = "testmusic1.mp3"————————————— 要載入的檔案名稱
005
006  audio = MP3(infile)————————————————— 載入檔案
007  sec = audio.info.length——————————————— 播放時間（秒）
008  timestr = str(datetime.timedelta(seconds=sec))—— 轉換成時分秒格式
009  print(" 播放時間 =",timestr)
```

第 1 ～ 2 行程式碼載入了 MP3 函式庫與 datetime 函式庫，**第 4 行程式碼**將「要載入的檔案名稱」放入變數 infile，**第 6 行程式碼**載入了檔案。**第 7 行程式碼**取得了播放秒數，**第 8 ～ 9 行程式碼**將秒轉換成時分秒格式再顯示結果。

執行這個程式之後，會顯示播放時間。由於 testmusic1.mp3 的播放時間為 16 秒，所以會顯示 0:00:16 這個結果。

執行結果

```
播放時間 = 0:00:16
```

Recipe
2
Chapter 10

取得影片的播放時間

取得影片資訊的函式庫

要取得影片資訊可使用外部函式庫的 OpenCV 函式庫。這個函式庫可取得 MP4、MOV 這類影片檔的資訊（圖 10.2）。

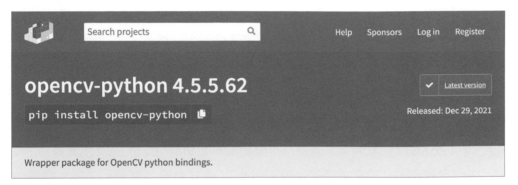

圖10.2 OpenCV 函式庫

https://pypi.org/project/opencv-python/

※Python 函式庫的網站有可能會顯示另外的數值。

OpenCV 函式庫不是 Python 的標準函式庫，所以必須手動安裝。在 Windows 的環境可先啟動「命令提示字元」應用程式，macOS 則可先啟動「終端機」應用程式，再執行下列的命令安裝（語法 10.6、語法 10.7）。之後可利用「pip list」命令確認 OpenCV 函式庫是否安裝完成。

語法10.6 安裝 OpenCV 函式庫（Windows）

```
py -m pip install opencv-python

py -m pip list
```

```
python3 -m pip install opencv-python
```

```
python3 -m pip list
```

如此一來就能在載入函式庫之後使用相關的命令（語法 10.8）。

```
import cv2
```

接下來讓我們稍微了解這個 **OpenCV 函式庫的使用方法**。OpenCV 函式庫可處理圖片與影片，是非常實用的函式庫，不過這次要了解的是「取得影片播放時間的方法」。

MP4 是相容於 Windows 或 macOS 以及其他環境的影片格式。由於壓縮率很高，所以很適合在網路使用，也是目前的主流影片格式。副檔名為「.mp4」。

MOV 是 Apple 公司開發的 macOS 標準影片格式，與 Apple 產品高度相容。若要在 Windows 播放必須安裝 QuickTimePlayer。副檔名為「.mov」。

要載入 MP4 或 MOV 這類影片必須使用「**變數 = cv2.VideoCapture（檔案路徑）**」命令。接下來雖然是取得播放時間，但 OpenCV 函式庫沒有直接取得播放時間的命令。不過，這個函式庫可取得影片的「總影格數」與「fps（1 秒播放幾格影格的速率）」這兩個值，所以只要以 fps 除以總影格數，就能算出播放秒數。高階函式庫通常都像這樣，只能取得最基本的資訊，然後得自行透過這些資訊得出需要的資料（語法 10.9）。

```
cap = cv2.VideoCapture( 檔案路徑 )
```

```
frame = cap.get(cv2.CAP_PROP_FRAME_COUNT)
```

```
fps = cap.get(cv2.CAP_PROP_FPS)
```

接著要使用上述的語法製作「顯示影片檔播放時間的程式」。

第一步要先準備測試專用的影片檔。也可以先從 P.10 的網址下載範例檔，再使用其中的 chap10/testmovie1.mp4 檔。如果要使用自行準備的檔案，請變更程式 10.2 的第 4 行程式碼檔案名稱。程式 10.2 會載入這個檔案再進行相關的處理。

程式10.2	chap10/test10_2.py

```
001   import cv2
002   import datetime
003
004   infile = "testmovie1.mp4"
005   cap = cv2.VideoCapture(infile)—————————— 載入檔案
006   frame = cap.get(cv2.CAP_PROP_FRAME_COUNT)— 總影格數
007   fps = cap.get(cv2.CAP_PROP_FPS)——————————— 影格速率
008   sec = int(frame / fps)——————————————————— 播放時間（秒）
009   timestr = str(datetime.timedelta(seconds=sec))— 轉換成時分秒格式
010   print(" 播放時間 =",timestr)
```

第 1～2 行程式碼載入了 cv2 函式庫與 datetime 函式庫。第 4 行程式碼將「要載入的檔案名稱」放入變數 infile，第 5 行程式碼載入了程式。第 6～7 行程式碼取得總影格數與影格速率，第 8 行程式碼算出播放秒數。第 9～10 行程式碼將秒數轉換成時分秒格式再顯示結果。

執行這個程式之後，就會顯示時分秒格式的播放時間。由於 testmovie1.mp4 的長度為 15 秒，所以會顯示 0:00:15 這個結果。

執行結果

```
播放時間 = 0:00:15
```

接下來讓我們根據上述的命令與手法，解決與語音檔或影片檔有關的問題吧。

取得語音的總播放時間：show_MP3playtimes

Recipe **3** Chapter 10

 想解決這種問題！

> 資料夾裡面有很多語音檔。我想知道這些語音檔的播放時間，也想知道加總之後的播放時間。

 有什麼方法可以解決呢？

如果要請電腦解決這個問題，該怎麼做才好呢？應該可利用下列兩種處理解決這個問題（圖 10.3）。

① 取得特定資料夾的 MP3 語音檔名稱。

② 載入語音檔，顯示播放時間與資料夾所有語音檔的總播放時間。

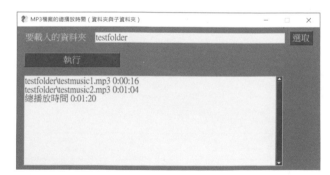

圖 10.3 應用程式的完成圖

解決問題所需的命令？

①「取得特定資料夾的 MP3 語音檔的名稱」可利用**「取得特定資料夾的檔案列表程式（程式 4.3）」**完成。

②「載入語音檔，顯示播放時間與資料夾的總播放時間」，可使用**「顯示語音檔播放時間的程式（程式 10.1）」**解決。「總播放時間」可利用迴圈不斷加總每個檔案的播放時間算出。

 撰寫程式吧！

接著讓我們使用上述的兩個程式撰寫**「顯示特定資料夾的 MP3 檔案播放時間，與總播放時間的程式（show_MP3playtimes.py）」**。

第一步要先準備「MP3 語音檔」與「MP4 格式、MOV 格式的影片檔」，以及**存放這兩種檔案的測試專用資料夾**，也可以先從 P.10 的網址下載範例檔，再使用其中的 chap10/testfolder。如果要使用自行準備的資料夾，請變更程式 10.3 的第 5 行程式碼的資料夾名稱。程式 10.3 會載入這個檔案再進行相關的處理。

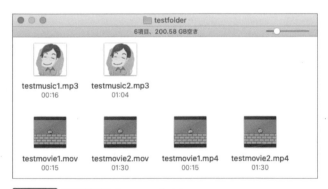

圖10.4 範例資料夾：testfolder

```
001    from pathlib import Path
002    from mutagen.mp3 import MP3
003    import datetime
004
005    infolder = "testfolder"
006    ext = "*.mp3"
007
008    #【函數：取得 MP3 檔案的播放時間】
009    def getplaytime(readfile):
010        try:
011            audio = MP3(readfile)─────── 載入檔案
012            sec = audio.info.length─────── 播放時間（秒）
013            timestr = str(datetime.timedelta(seconds=sec))
                   ─────── 轉換成時分秒格式
014            return sec, readfile + " " + timestr
015        except:
016            return 0, readfile + "：程式執行失敗。"
017    #【函數：搜尋資料夾與子資料夾 MP3 檔案】
018    def findfiles(infolder):
019        totalsec = 0
020        msg = ""
021        filelist = []
022        for p in Path(infolder).rglob(ext):─────── 將這個資料夾以及子資料夾的所有檔案
023            filelist.append(str(p))─────── 新增至列表
024        for filename in sorted(filelist):─────── 再替每個檔案排序
025            val1, val2 = getplaytime(filename)
026            totalsec += val1
027            msg += val2 + "\n"
```

```
028        totaltimestr = str(datetime.timedelta(seconds=totalsec))
029        msg += " 總播放時間 " + totaltimestr
030        return msg
031
032    #【執行】
033    msg = findfiles(infolder)
034    print(msg)
```

第 1 ～ 3 行程式碼載入了 pathlib 函式庫的 Path、mutagen 函式庫的 MP3 與 datetime 函式庫。**第 5 ～ 6 行程式碼**將「要載入的資料夾名稱」放入變數 infolder，以及將「副檔名」放入變數 ext。

第 9 ～ 16 行程式碼建立了「取得 MP3 檔案播放時間的函數（getplaytime）」。**第 11 ～ 12 行程式碼**取得了檔案的播放秒數。**第 13 行程式碼**將播放秒數轉換成時分秒格式，**第 14 行程式碼**傳回顯示秒數所需的變數。

第 18 ～ 30 行程式碼建立了「搜尋資料夾與子資料夾的 MP3 檔案函數（findfiles）」。**第 19 行程式碼**宣告與初始化存放總播放秒數的變數 totalsec。**第 20 行程式碼**宣告了顯示各檔案播放時間所需的變數 msg，**第 22 ～ 23 行程式碼**將資料夾的檔案列表新增至 filelist。**第 24 ～ 27 行程式碼**重新排序檔案列表，再取得每個檔案的資訊。

第 25 行程式碼呼叫了 getplaytime() 函數。這個函數會傳回檔案的播放秒數，以及轉換成時分秒格式的字串，而這兩筆資料會分別存入變數 val1 與 val2。**第 26 行程式碼**將檔案播放秒數遞增至總播放秒數。**第 27 行程式碼**則將轉換成時分秒格式的字串，新增至顯示結果所需的文字。**第 28 ～ 29 行程式碼**將總播放秒數轉換成時分秒格式，再新增至顯示結果所需的文字。

執行這個程式之後，會顯示每個 MP3 檔案的播放時間與總播放時間。

執行結果

testfolder/testmusic1.mp3 0:00:16

testfolder/testmusic2.mp3 0:01:04

總播放時間 0:01:20

 轉換成應用程式！

接著要將這個 show_MP3playtimes.py 轉換成應用程式。

這個 show_MP3playtimes.py 會在選取「資料夾」之後執行，所以應該可利用「**只選取資料夾的應用程式（範本 folder.pyw）**」製作（圖 10.5、圖 10.6）。

圖 10.5 要使用的範本：範本 folder.pyw

圖 10.6 應用程式的完成圖

❶ 複製檔案「範本 folder.pyw」再將剛剛複製的檔案更名為「show_MP3playtimes.pyw」。

接著要複製與修正在「show_MP3playtimes.py」執行的程式。

❷ 追加新增的函式庫（程式 10.4）。

程式10.4	修正範本：1

```
001   #【1.import 函式庫】
002   from pathlib import Path
003   from mutagen.mp3 import MP3
004   import datetime
```

❸ 修正顯示的內容與參數（程式 10.5）。

程式10.5	修正範本：2

```
001   #【2. 設定於應用程式顯示的字串】
002   title = "MP3 檔案的總播放時間（資料夾與子資料夾）"
003   infolder = "."
004   ext = "*.mp3"
```

❹ 置換函數（程式 10.6）。

程式10.6	修正範本：3

```
001   #【3. 函數：取得 MP3 檔案的播放時間】
002   def getplaytime(readfile):
003       try:
004           audio = MP3(readfile)————— 載入檔案
005           sec = audio.info.length——— 播放時間（秒）
006           timestr = str(datetime.timedelta(seconds=sec))
              ——— 轉換成時分秒格式
007           return sec, readfile + " " + timestr
008       except:
```

```
009        return 0, readfile + "：程式執行失敗。"
010    #【3. 函數：搜尋資料夾與子資料夾 MP3 檔案】
011    def findfiles(infolder):
012        sec = 0
013        msg = ""
014        filelist = []
015        for p in Path(infolder).rglob(ext):────── 將這個資料夾以及子資料夾的所有檔案
016            filelist.append(str(p))────────────── 新增至列表
017        for filename in sorted(filelist):────── 再替每個檔案排序
018            val1, val2 = getplaytime(filename)
019            sec += val1
020            msg += val2 + "\n"
021        totaltimestr = str(datetime.timedelta(seconds=sec))
022        msg += " 總播放時間 " + totaltimestr
023        return msg
```

❺ 執行函數（程式 10.7）。

程式10.7	修正範本：4

```
001        #【4. 執行函數】
002        msg = findfiles(infolder)
```

如此一來就大功告成了（ show_MP3playtimes.pyw ）。

這個應用程式可透過下列的步驟執行。

① 點選「選取」，選擇「要載入的資料夾」。

② 點選「執行」按鈕，就會在載入資料夾之後，顯示該資料夾與子資料夾的 MP3 檔播放時間與總播放時間（圖 10.7）。

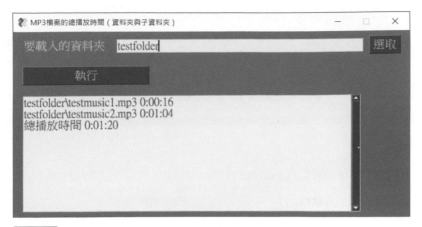

圖10.7 執行結果

取得每個語音檔的播放時間與總播放時間了！

取得影片的總播放時間：show_MoviePlaytimes

想解決這種問題！

> 資料夾裡面有很多影片檔。我想知道這些影片檔的播放時間，也想知道加總之後的播放時間。

有什麼方法可以解決呢？

這個問題與剛剛 Recipe3 的「顯示特定資料夾的 MP3 檔案播放時間與總播放時間的程式（show_MP3playtimes.py）」非常類似對吧（圖 10.8）。

① 取得特定資料夾的 MP4、MOV 影片檔的名稱。

② 載入影片檔，顯示播放時間與資料夾所有影片檔的總播放時間。

圖 10.8 應用程式的完成圖

解決問題所需的命令？

① 「取得特定資料夾的 MP4、MOV 影片檔的名稱」，應該可利用「**取得特定資料夾的 JPG 格式與 PNG 格式的檔案名稱列表程式（程式 9.7）**」完成。

② 「載入影片檔，顯示播放時間與資料夾所有影片檔的總播放時間」則可利用「**顯示影片檔播放時間的程式（程式 10.2）**」完成。「總播放時間」可利用迴圈不斷加總各影片檔播放時間求出。

 撰寫程式吧！

接著，讓我們利用上述的兩個程式撰寫「**顯示特定資料夾的 MP4、MOV 影片檔的播放時間，以及總播放時間的程式（show_MoviePlaytimes.py）**」吧（程式 10.8）。

程式10.8	chap10/show_MoviePlaytimes.py

```
001  from pathlib import Path
002  import cv2
003  import datetime
004
005  infolder = "testfolder"
006  extlist = ["*.mp4", "*.mov"]
007
008  #【函數：取得影片檔的播放時間】
009  def getplaytime(readfile):
010      try:
011          cap = cv2.VideoCapture(readfile)           載入檔案
012          frame = cap.get(cv2.CAP_PROP_FRAME_COUNT)   總影格
013          fps = cap.get(cv2.CAP_PROP_FPS)            影格速率
014          sec = int(frame / fps)                    播放時間（秒）
015          timestr = str(datetime.timedelta(seconds=sec))
              轉換成時分秒格式
```

```
016            return sec, readfile + " " + timestr
017        except:
018            return 0, readfile + ": 程式執行失敗。"
019    #【函數：搜尋資料夾與子資料夾的影片檔】
020    def findfiles(infolder):
021        totalsec = 0
022        msg = ""
023        for ext in extlist:                              ─────── 以多個副檔名調查
024            filelist = []
025            for p in Path(infolder).rglob(ext):
        ─────── 將這個資料夾以及子資料夾的所有檔案
026                filelist.append(str(p))───────── 新增至列表
027            for filename in sorted(filelist):
        ─────── 再替每個檔案排序
028                val1, val2 = getplaytime(filename)
029                totalsec += val1
030                msg += val2 + "\n"
031        totaltimestr = str(datetime.timedelta(seconds=totalsec))
032        msg += " 總播放時間 " + totaltimestr
033        return msg
034
035    #【執行函數】
036    msg = findfiles(infolder)
037    print(msg)
```

第 1 ～ 3 行程式碼載入了 pathlib 函式庫的 Path、cv2 函式庫與 datetime 函式庫。

第 5 ～ 6 行程式碼將「要載入的資料夾名稱」放入變數 infolder，以及將「副檔名」放入變數 extlist 這個列表。

第 9 ～ 18 行程式碼建立了「取得影片檔播放時間的函數（getplaytime）」，第 11 ～ 14 行程式碼取得影片檔的播放秒數，第 15 行程式碼將取得的播放秒數轉換成時分秒格式。第 16 行程式碼傳回顯示秒數所需的變數。

第 20 ～ 33 行程式碼建立了「搜尋資料夾與子資料的影片檔的函數（findfiles）」。第 21 行程式碼宣告與初始化存放總播放秒數的變數 totalsec。第 22 行程式碼宣告了顯示影片檔播放時間所需的變數 msg。第 23 行程式碼從副檔名的列表逐次取得每個元素，再將這些元素依序放入變數 ext。第 25 ～ 26 行程式碼將資料夾的檔案列表新增至 filelist。第 27 ～ 30 行程式碼則是重新排序檔案列表，再逐次取得每個影片檔的資訊。

第 28 行程式碼呼叫了 getplaytime() 函數。這個函數會傳回影片檔的播放秒數與轉換成時分秒格式的字串，所以將這兩筆資料分別放入變數 val1 與 val2。第 29 行程式碼將影片檔播放秒數遞增至總播放秒數。第 30 行程式碼將轉換成時分秒格式的字串新增至顯示訊息所需的文字。第 31 ～ 32 行程式碼將總播放秒數轉換成時分秒格式，再新增至顯示訊息所需的文字。

執行這個程式之後，會顯示各影片檔的播放時間與總播放時間。

執行結果

```
testfolder/testmovie1.mp4 0:00:15

testfolder/testmovie2.mp4 0:01:30

testfolder/testmovie1.mov 0:00:15

testfolder/testmovie2.mov 0:01:30

總播放時間 0:03:30
```

 轉換成應用程式！

接著要將這個 show_MoviePlaytimes.py 轉換成應用程式。

這個 show_MoviePlaytimes.py 會在選取「資料夾」之後執行，所以可利用「**選取資料夾的應用程式（範本 folder.pyw）**」製作（圖 10.9、圖 10.10）。

圖10.9 要使用的範本：範本 folder.pyw

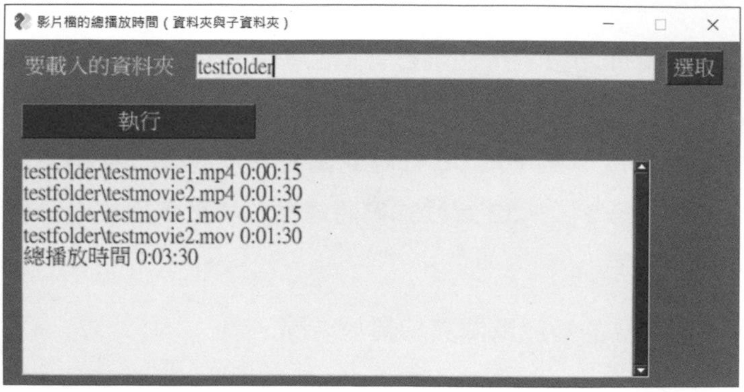

圖10.10 應用程式的完成圖

❶ 複製檔案「範本 folder.pyw」，再將剛剛複製的檔案更名為「show_MoviePlaytimes.pyw」。

接著要複製與修正在「show_MoviePlaytimes.py」執行的程式。

❷ 追加新增的函式庫（程式 10.9）。

程式10.9	修正範本：1

```
001    #【1.import 函式庫】
002    from pathlib import Path
003    import cv2
004    import datetime
```

❸ 修正顯示的內容與參數（程式 10.10）。

程式 10.10　修正範本：2

```
001  #【2. 設定於應用程式顯示的字串】
002  title = " 影片檔的總播放時間（資料夾與子資料夾）"
003  infolder = "."
004  extlist = ["*.mp4", "*.mov"]
```

❹ 置換函數（程式 10.11）。

程式 10.11　修正範本：3

```
001  #【3. 函數：取得影片檔的播放時間】
002  def getplaytime(readfile):
003      try:
004          cap = cv2.VideoCapture(readfile)              載入檔案
005          frame = cap.get(cv2.CAP_PROP_FRAME_COUNT)     總影格數
006          fps = cap.get(cv2.CAP_PROP_FPS)               影格速率
007          sec = int(frame / fps)                        播放時間（秒）
008          timestr = str(datetime.timedelta(seconds=sec))  轉換成時分秒格式
009          return sec, readfile + " " + timestr
010      except:
011          return 0, readfile + "：程式執行失敗。"
012  #【3. 函數：搜尋資料夾與子資料夾的影片檔】
013  def findfiles(infolder):
014      totalsec = 0
015      msg = ""
016      for ext in extlist:                               以多個副檔名調查
017          filelist = []
018          for p in Path(infolder).rglob(ext):           將這個資料夾以及子資料夾的所有檔案
019              filelist.append(str(p))                   新增至列表
```

```
020        for filename in sorted(filelist):- 再替每個檔案排序
021            val1, val2 = getplaytime(filename)
022            totalsec += val1
023            msg += val2 + "\n"
024        totaltimestr = str(datetime.timedelta(seconds=totalsec))
025        msg += " 總播放時間 " + totaltimestr
026        return msg
```

❺ 執行函數（程式 10.12）。

程式10.12	修正範本：4

```
001        #【4. 執行函數】
002        msg = findfiles(infolder)
```

如此一來就大功告成了（show_MoviePlaytimes.pyw）。

這個應用程式可透過下列的步驟執行。

① 點選「選取」，選擇「要載入的資料夾」。

② 點選「執行」按鈕，就會在載入資料夾之後，顯示該資料夾與子資料夾影片檔的播放時間與總播放時間（圖 10.11）。

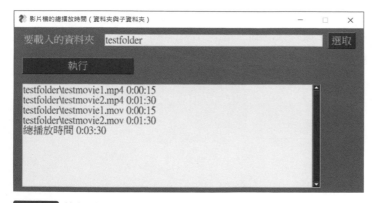

圖 10.11 執行結果

取得網路資料

Recipe
1
Chapter 11
載入網路上的檔案

■ 存取網頁的函式庫

要存取網頁可使用 requests 外部函式庫（圖 11.1）。此外，要剖析 HTML 或 XML 可使用 beautifulsoup4 函式庫（圖 11.2）與輔助的 lxml 函式庫。

圖 11.1 requests 函式庫

https://pypi.org/project/requests/

※Python 函式庫的網站有可能會顯示另外的數值。

圖 11.2 beautifulsoup4 函式庫

https://pypi.org/project/beautifulsoup4/

※Python 函式庫的網站有可能會顯示另外的數值。

requests 函式庫與 beautifulsoup4 函式庫都不是 Python 的標準函式庫，所以必須手動安裝。在 Windows 的環境可先啟動「命令提示字元」應用程式，macOS 則可先啟動「終端機」應用程式，再執行語法 11.1、語法 11.2 安裝。之後可利用「pip list」命令確認 requests 與 beautifulsoup4 函式庫是否安裝完成。在某些環境下會顯示 lxml 已經安裝的訊息。

語法11.1	安裝函式庫（Windows）

```
py -m pip install requests
py -m pip install beautifulsoup4
py -m pip install lxml
py -m pip list
```

語法11.2	安裝函式庫（macOS）

```
python3 -m pip install requests
python3 -m pip install beautifulsoup4
python3 -m pip install lxml
python3 -m pip list
```

如此一來，就能在載入這些函式庫之後使用相關的命令（語法 11.3）。lxml 函式庫會自動在 beautifulsoup4 載入，所以不需要利用 import 命令載入。

語法11.3	載入 requests 與 beautifulsoup

```
import requests
from bs4 import BeautifulSoup
```

接下來讓我們稍微了解 requests 函式庫與 beautifulsoup4 函式庫的使用方法。

requests 函式庫可存取網頁、RSS 以及其他網路資料。由於每個網站的網頁都以不一樣的方法製作，所以要取得資訊就必須了解網頁的 HTML，才能找到需要的資料，不過，RSS 的話就能快速取得資訊。

11

取得網路資料

RSS（Rich Site Summary）是一種發送網站資訊的技術。以 XML 格式撰寫的新聞標題（title）、說明（description）或是其他類似的資訊都會以標籤整理，所以才能快速地找到需要的資訊。

比方說，翔泳社的新書 RSS 連結可在圖 11.3 的頁面找到。

圖11.3 公開翔泳社新書 RSS 的頁面

https://www.shoeisha.co.jp/book/faq

點選這張頁面的「RSS」，就會如圖 11.4 所示，顯示 RSS 的 XML 資料。

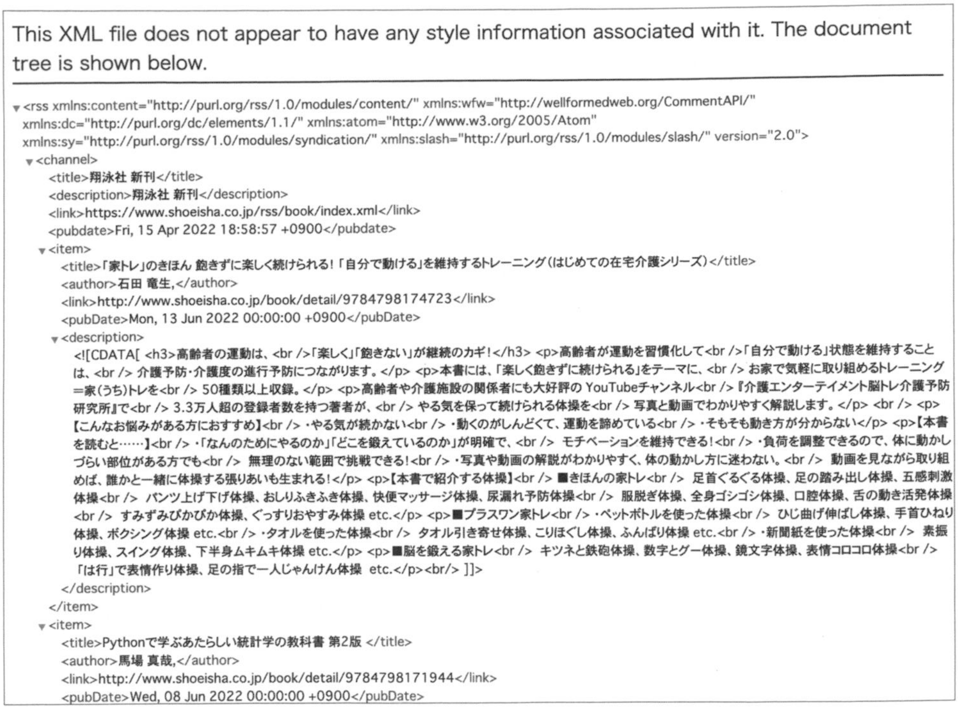

This XML file does not appear to have any style information associated with it. The document tree is shown below.

```
▼<rss xmlns:content="http://purl.org/rss/1.0/modules/content/" xmlns:wfw="http://wellformedweb.org/CommentAPI/"
   xmlns:dc="http://purl.org/dc/elements/1.1/" xmlns:atom="http://www.w3.org/2005/Atom"
   xmlns:sy="http://purl.org/rss/1.0/modules/syndication/" xmlns:slash="http://purl.org/rss/1.0/modules/slash/" version="2.0">
  ▼<channel>
     <title>翔泳社 新刊</title>
     <description>翔泳社 新刊</description>
     <link>https://www.shoeisha.co.jp/rss/book/index.xml</link>
     <pubdate>Fri, 15 Apr 2022 18:58:57 +0900</pubdate>
   ▼<item>
      <title>「家トレ」のきほん 飽きずに楽しく続けられる！「自分で動ける」を維持するトレーニング（はじめての在宅介護シリーズ）</title>
      <author>石田 竜生</author>
      <link>http://www.shoeisha.co.jp/book/detail/9784798174723</link>
      <pubDate>Mon, 13 Jun 2022 00:00:00 +0900</pubDate>
    ▼<description>
       <![CDATA[ <h3>高齢者の運動は、<br />「楽しく」「飽きない」が継続のカギ！</h3> <p>高齢者が運動を習慣化して<br />「自分で動ける」状態を維持すること
       は、<br /> 介護予防・介護度の進行予防につながります。</p> <p>本書には、「楽しく飽きずに続けられる」をテーマに、<br /> お家で気軽に取り組めるトレーニング
       ＝家（うち）トレを<br /> 50種類以上収録。</p> <p>高齢者や介護施設の関係者にも大好評のYouTubeチャンネル<br />『介護エンターテイメント脳トレ介護予防
       研究所』で<br /> 3.3万人超の登録者数を持つ著者が、<br /> やる気を保って続けられる体操を<br /> 写真と動画でわかりやすく解説します。</p> <br /> <p>
       【こんなお悩みがある方におすすめ】<br /> ・やる気が続かない<br /> ・動くのがしんどくて、運動を諦めている<br /> ・そもそも動き方が分からない</p> <p>【本書
       を読むと……】<br /> ・「なんのためにやるのか」「どこを鍛えているのか」が明確で、<br /> モチベーションを維持できる！<br /> ・負荷を調整できるので、体に動かし
       づらい部位がある方でも<br /> 無理のない範囲で挑戦できる！<br /> ・写真や動画の解説がわかりやすく、体の動かし方に迷わない。<br /> 動画を見ながら取り組
       めば、誰かと一緒に体操する張りあいも生まれる！</p> <p>【本書で紹介する体操】<br /> ■きほんの家トレ<br /> 足をぐるぐる体操、足の踏み出し体操、五感刺激
       体操<br /> パンツ上げ下げ体操、おしりふきふき体操、快楽マッサージ体操、尿漏れ予防体操<br /> 服脱ぎ体操、全身ゴシゴシ体操、口腔体操、舌の動き活発体操
       <br /> すみずみぴかぴか体操、ぐっすりおやすみ体操 etc.</p> <p>■プラスワン家トレ<br /> ・ペットボトルを使った体操<br /> ひじ曲げ伸ばし体操、手首ひねり
       体操、ボクシング体操 etc.<br /> ・タオルを使った体操<br /> タオル引き寄せ体操、こりほぐし体操、ふんばり体操 etc.<br /> ・新聞紙を使った体操<br /> 素振
       り体操、スイング体操、下半身ムキムキ体操 etc.</p> <p>■脳を鍛える家トレ<br /> キツネと鉄砲体操、数字とグー体操、鏡文字体操、表情コロコロ体操<br />
       「は行」で表情作り体操、足の指で一人じゃんけん体操 etc.</p> <br /> ]]>
      </description>
    </item>
   ▼<item>
      <title>Pythonで学ぶあたらしい統計学の教科書 第2版</title>
      <author>馬場 真哉,</author>
      <link>http://www.shoeisha.co.jp/book/detail/9784798171944</link>
      <pubDate>Wed, 08 Jun 2022 00:00:00 +0900</pubDate>
```

圖11.4 RSS 的 XML 資料

https://www.shoeisha.co.jp/rss/book/index.xml

RSS 就是上圖這種 XML 資料。我們接下來會從這些資料收集需要的資訊，但第一步要先取得 URL 的資料。要取得特定 URL 的資料可使用 requests.get() 命令（語法 11.4）。

語法11.4 取得特定 URL 的資料

取得的資料 = requests.get(URL)

讓我們利用上述的語法撰寫「**取得 RSS 資料的程式**」吧（程式 11.1）。

程式11.1 chap11/test11_1.py

```
001  import requests
002
003  url = "https://www.shoeisha.co.jp/rss/book/index.xml"
```

```
004   r = requests.get(url)──────────── 取得 URL 的資料
005   r.encoding = r.apparent_encoding──── 自動辨識字元編碼
006   print(r.text)
```

第 1 行程式碼載入了 requests 函式庫，**第 3 行程式碼**將「要載入的 URL」放入變數 url，**第 4 行程式碼**取得 URL 的資料，**第 5 行程式碼**自動辨識字元編碼，**第 6 行程式碼**顯示取得的 RSS 資料。

執行結果

```
<?xml version="1.0" encoding="UTF-8"?>

<rss xmlns:content="http://purl.org/rss/1.0/modules/content/"
xmlns:wfw="http://wellformedweb.org/CommentAPI/" xmlns:dc="http://purl.
org/dc/elements/1.1/" xmlns:atom="http://www.w3.org/2005/Atom"
xmlns:sy="http://purl.org/rss/1.0/modules/syndication/"
xmlns:slash="http://purl.org/rss/1.0/modules/slash/" version="2.0">

  <channel>

    <title> 翔泳社 新刊 </title>

    <description> 翔泳社 新刊 </description>

    <link>https://www.shoeisha.co.jp/rss/book/index.xml</link>

    <pubdate>Fri, 15 Apr 2022 12:26:18 +0900</pubdate>

    <item>

      <title>「家トレ」のきほん　飽きずに楽しく続けられる!「自分で動ける」を維持
するトレーニング(はじめての在宅介護シリーズ)</title>

    <author> 石田 竜生 ,</author>

    <link>http://www.shoeisha.co.jp/book/detail/9784798174723</link>

    <pubDate>Mon, 13 Jun 2022 00:00:00 +0900</pubDate>

    <description>
```

> 　　　<![CDATA[<h3> 高齢者の運動は、
 「楽しく」「飽きない」が継続のカギ！</h3> <p> 高齢者が運動を習慣化して
 「自分で動ける」状態を維持することは、
 介護予防・介護度の進行予防につながります。</p> <p> 本書には、「楽しく 飽きずに続けられる」をテーマに、
 お家で気軽に取り組めるトレーニング＝家（うち）トレを
 50 種類以上収録 。 </p> <p> 高齢者や介護施設の関係者にも大好評の YouTube チャンネル
 『介護エンターテイメント脳トレ介護予防研 究所』で
 3.3 万人超の登録者数を持つ著者が、
 やる気を保って続けられる体操を
 写真と動画でわかりや すく解説します。</p>
 <p>【こんなお悩みがある方におすすめ】
 ・やる気が続かない
 ・動くのがしん どくて、運動を諦めている
 /> ・そもそも動き方が分からない </p> <p>【本書を読むと……】
 ・「なんのためにやるのか」「どこを鍛えているのか」が明確で、
>
> （ ... 略 ... ）

如此一來就能取得 RSS 的資料了，但如果不進行加工，這種內容應該很難閱讀，所以讓我們試著擷取「新書的書名（title）」就好。要剖析 XML 可使用 beautifulsoup4 函式庫。

第一步先利用 BeautifulSoup() 命令剖析 XML 資料，接著再利用 findAll() 命令取得特定的標籤資料。取得多個標籤之後，會以列表的格式傳回（語法 11.5）。

語法11.5　　從 XML 資料取得 title 標籤的資訊

```
soup= BeautifulSoup(XML 資料 , "lxml")

elist = soup.findAll("title")
```

接著讓我們使用語法 11.5 撰寫**「取得 RSS 資料，再顯示 title 標籤的程式」**。這次會在取得列表之後，利用 for 迴圈顯示列表的每個元素，但為了知道是第幾本新書，這個程式特別加上了編號。要利用 for 迴圈取得列表的「編號與內容」可使用 enumerate() 命令（程式 11.2）。

```python
001    import requests
002    from bs4 import BeautifulSoup
003
004    url = "https://www.shoeisha.co.jp/rss/book/index.xml"
005    tag = "title"
006    r = requests.get(url)                    ——— 取得 URL 的資料
007    r.encoding = r.apparent_encoding         ——— 自動辨識字元編碼
008    soup= BeautifulSoup(r.text, "lxml")      ——— 剖析 XML 資料
009    for i, element in enumerate(soup.findAll(tag)):
010        print(i, element.text)               ——— 顯示編號與文字
```

第 1 ～ 2 行程式碼載入了 requests 函式庫與 beautifulsopu4 函式庫。第 4 行程式碼「要載入的 URL」放入變數 url，第 5 行程式碼將要取得的標籤放入變數 tag。

第 6 行程式碼取得 URL 的資料，第 7 行程式碼自動辨識字元編碼，第 8 行程式碼剖析了 XML 資料，第 9 ～ 10 行程式碼取得了標籤資料，以及顯示編號與對應的文字。

執行這個程式之後，會顯示新書的書名一覽表（執行程式之際的新書）。是不是比剛剛的資訊更容易閱讀了呢？

執行結果

```
0 翔泳社 新刊
1「家トレ」のきほん　飽きずに楽しく続けられる！「自分で動ける」を維持するトレーニ
ング（はじめての在宅介護シリーズ）
2 Python で学ぶあたらしい統計学の教科書 第 2 版
3「ゆる副業」のはじめかた メルカリ　スマホ1つでスキマ時間に効率的に稼ぐ!
4「アジャイル式」健康カイゼンガイド
5 電気教科書 炎の第 2 種電気工事士 筆記試験 テキスト&問題集
（ ... 略 ...）
```

Recipe 2

Chapter 11

轉存今日新聞：
show_todayNews

想解決這種問題！

到底都有哪些新書啊？雖然可以到常去的新書網頁找，但我希望把標題做成一覽表。難道不能將新書的標題整理成文字嗎？

有什麼方法可以解決呢？

如果要讓電腦解決這個問題，主要可執行下列兩種處理（圖 11.5）。

① 取得特定 URL 的 RSS 資料（XML 格式）。

② 顯示 RSS 資料（XML 格式）的 title 標籤一覽表。

圖 11.5 應用程式的完成圖

解決問題所需的命令？

這個問題應該也可利用剛剛 Recipe 1 的「**取得 RSS 資料，再顯示 title 標籤的程式（程式 11.2）**」解決。為了方便轉換成應用程式，讓我們先將程式整理成函數吧。

 ## 撰寫程式吧！

讓我們將「**取得 RSS 資料，再顯示 title 標籤的程式（程式 11.2）**」的處理整理成函數，藉此製作「**取得 RSS 資料再顯示 title 標籤的程式（show_RSS.py）**」（程式 11.3）。

程式 11.3	chap11/show_RSS.py

```
001  import requests
002  from bs4 import BeautifulSoup
003
004  value1 = "https://www.shoeisha.co.jp/rss/book/index.xml"
005  value2 = "title"
006
007  #【函數：取得 RSS 的標籤】
008  def readRSSitem(url, tag):
009      msg = ""
010      r = requests.get(url)                           取得 URL 的資料
011      r.encoding = r.apparent_encoding                自動辨識字元編碼
012      soup= BeautifulSoup(r.text, "lxml")             剖析 XML 資料
013      for i, element in enumerate(soup.findAll(tag)):
014          msg += str(i) + ":" + element.text + "\n"   新增標籤的元素
015      return msg
016
017  #【執行函數】
```

```
018    msg = readRSSitem(value1, value2)
019    print(msg)
```

第 1～2 行程式碼載入了 requests 函式庫與 beautifulsoup4 函式庫，**第 4 行程式碼**將「要載入的 URL」放入變數 url，**第 5 行程式碼**將要取得的標籤放入變數 tag，**第 8～14 行程式碼**則是「取得 RSS 標籤的函數（readRSSitem）」。

第 10 行程式碼取得了 URL 的資料，**第 11 行程式碼**自動辨識字元編碼，**第 12 行程式碼**剖析 XML 的資料，**第 13～14 行程式碼**取得標籤資料，以及顯示編號與對應的文字。

執行這個程式之後，會顯示新書書名一覽表（執行程式之際的新書）。**第 18～19 行程式碼**會執行函數與顯示傳回值。

執行結果

0: 翔泳社 新刊

1:「家トレ」のきほん　飽きずに楽しく続けられる!「自分で動ける」を維持するトレーニング(はじめての在宅介護シリーズ)

2:Pythonで学ぶあたらしい統計学の教科書 第 2 版

3:「ゆる副業」のはじめかた メルカリ　スマホ 1 つでスキマ時間に効率的に稼ぐ!

4:「アジャイル式」健康カイゼンガイド

(... 略 ...)

 轉換成應用程式！

接著要將這個 show_RSS.py 轉換成應用程式。

show_RSS.py 會在輸入「URL」與「標籤名稱」之後行，所以應該也可利用「**2 個輸入欄位的應用程式（範本 input2.pyw）**」製作（圖 11.6、圖 11.7）。

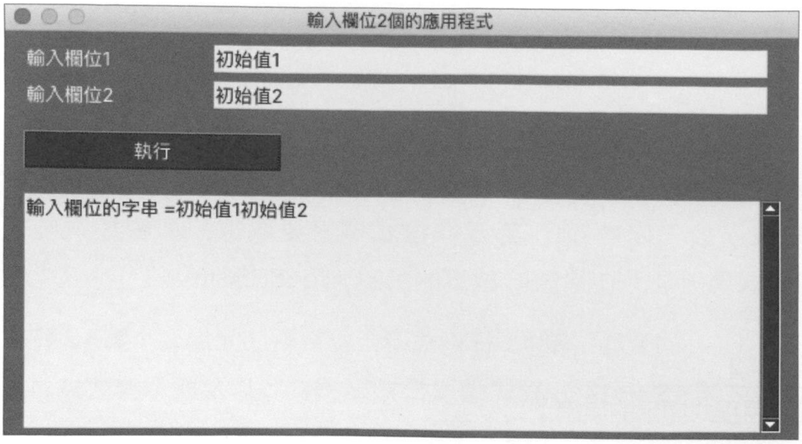

圖 11.6 要使用的範本：範本 input2.pyw

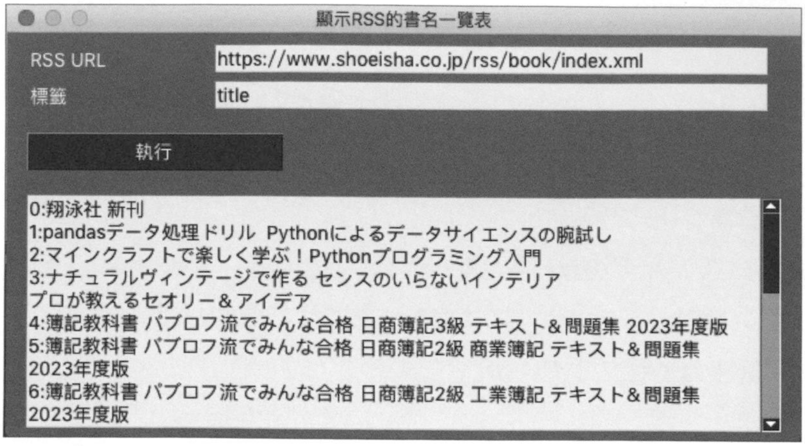

圖 11.7 應用程式的完成圖

❶ 複製檔案「範本 input2.pyw」，再將剛剛複製的檔案更名為「show_RSS. pyw」。

接著要複製與修正在「show_RSS.py」執行的程式。。

❷ 追加新增的函式庫（程式 11.4）。

程式 11.4	修正範本：1

```
001   #【1.import 函式庫】
002   import requests
003   from bs4 import BeautifulSoup
```

❸ 修正顯示的內容與參數（程式 11.5）。

程式 11.5	修正範本：2

```
001   #【2. 設定於應用程式顯示的字串】
002   title = " 顯示 RSS 的書名一覽表 "
003   label1, value1 = "RSS URL", "https://www.shoeisha.co.jp/rss/ ↵
      book/index.xml"
004   label2, value2 = " 標籤 ", "title"
```

❹ 置換函數（程式 11.6）。

程式 11.6	修正範本：3

```
001   #【3. 函數：取得 RSS 的標籤】
002   def readRSSitem(url, tag):
003       msg = ""
004       r = requests.get(url)──────────── 取得 URL 的資料
005       r.encoding = r.apparent_encoding──────── 自動辨識字元編碼
006       soup= BeautifulSoup(r.text, "lxml")──── 剖析 XML 資料
007       for i, element in enumerate(soup.findAll(tag)):
008           msg += str(i) + ":" + element.text + "\n"── 新增標籤的元素
009       return msg
```

❺ 執行函數（程式 11.7）。

程式 11.7	修正範本：4

```
001       #【4. 執行函數】
002       msg = readRSSitem(value1, value2)
```

如此一來就大功告成了（show_RSS.pyw）。

這個應用程式可透過下列的步驟使用。

① 點選「執行」按鈕就會顯示翔泳社的新書標題一覽表（圖 11.8）。

圖 11.8 執行結果 1

① 可以變更「標籤」欄位的內容，顯示不同的元素。比方說，輸入「description」。

② 點選「執行」按鈕就會顯示翔泳社新書說明一覽表（圖 11.9）。

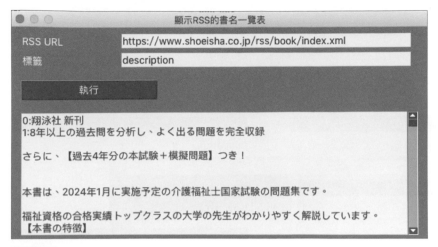

圖11.9 執行結果 2

① 變更「RSS URL」欄位的內容可顯示其他 URL 的元素。

https://iss.ndl.go.jp/rss/inprocess/7.xml

② 點選「執行」按鈕就會顯示國立國會圖書館新進書籍雜誌資訊（最近七天資訊）的說明一覽表（會顯示幾千本書的資訊，所以得花一點時間顯示）（圖 11.10）。

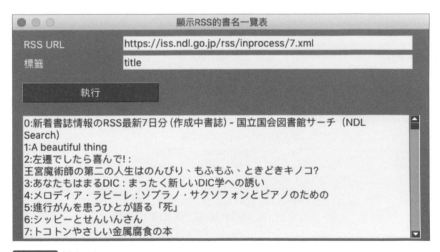

圖11.10 執行結果 3

可以顯示新書書名一覽表了！

索引

高效率 Python 自動化工作術｜快速解決 Excel、Word、PDF 資料處理

作　　者：森巧尚
裝訂設計：大下　賢一郎
文字設計：風間　篤士（LibroWorks Inc.）
人物插畫：iStock.com / emma
校對合作：佐藤　弘文
譯　　者：許郁文
企劃編輯：蔡彤孟
文字編輯：詹祐甯
設計裝幀：張寶莉
發 行 人：廖文良

發 行 所：碁峰資訊股份有限公司
地　　址：台北市南港區三重路 66 號 7 樓之 6
電　　話：(02)2788-2408
傳　　真：(02)8192-4433
網　　站：www.gotop.com.tw
書　　號：ACD023100
版　　次：2023 年 07 月初版
建議售價：NT$520

商標聲明：本書所引用之國內外公司各商標、商品名稱、網站畫面，其權利分屬合法註冊公司所有，絕無侵權之意，特此聲明。

版權聲明：本著作物內容僅授權合法持有本書之讀者學習所用，非經本書作者或碁峰資訊股份有限公司正式授權，不得以任何形式複製、抄襲、轉載或透過網路散佈其內容。
版權所有 ● 翻印必究

國家圖書館出版品預行編目資料

高效率 Python 自動化工作術：快速解決 Excel、Word、PDF 資料處理 / 森巧尚原著；許郁文譯. -- 初版. -- 臺北市：碁峰資訊，2023.07
　　面；　公分
　　ISBN 978-626-324-541-9(平裝)
　1.CST：Python(電腦程式語言)
312.32P97　　　　　　　　　　　　　　112009142

讀者服務

● 感謝您購買碁峰圖書，如果您對本書的內容或表達上有不清楚的地方或其他建議，請至碁峰網站：「聯絡我們」\「圖書問題」留下您所購買之書籍及問題。(請註明購買書籍之書號及書名，以及問題頁數，以便能儘快為您處理)
http://www.gotop.com.tw

● 售後服務僅限書籍本身內容，若是軟、硬體問題，請您直接與軟體廠商聯絡。

● 若於購買書籍後發現有破損、缺頁、裝訂錯誤之問題，請直接將書寄回更換，並註明您的姓名、連絡電話及地址，將有專人與您連絡補寄商品。